商店叢書 ⑧②

賣場管理督導手冊<增訂三版>

林幼泉　高飛鴻 / 編著

憲業企管顧問有限公司　發行

《賣場管理督導手冊》增訂三版

序　言

如何改善賣場？如何在短期內有效改進店鋪管理水準？零售業怎樣才能提高賣場績效，維持或擴大現有的市場佔有率呢？已經成為目前店鋪經營者所面臨的最棘手問題 。

本書是針對如何提昇賣場績效，專門解說零售業的賣場管理，全書具體實務介紹，從賣場組織編制、員工職責認知、會議管理、員工禮儀技能、賣場陳列佈局、商品管理技能、商品促銷方法、賣場促銷佈置、商品價格控制、理貨方式、商品收銀技能、單品陳列管理、防損技能、賣場安全管理、商場衛生管理、促銷檢討、開店閉店管理…………等各方面，進行具體的操作指導。

本書上市後，獲致眾多企業好評，2024 年修訂第三版得到憲業企管顧問（集團）公司黃憲仁總經理的協助，加入更多實例資料，實用性更強。本書結構全面而系統化，內容實用，理論與實踐相結合，操作性強，是提升賣場銷售績效的操作指南，是一本商業賣場的培訓教材，既可指導員工，也可供管理者和經營者借鑑參考。

2024 年 6 月

《賣場管理督導手冊》增訂三版

目　錄

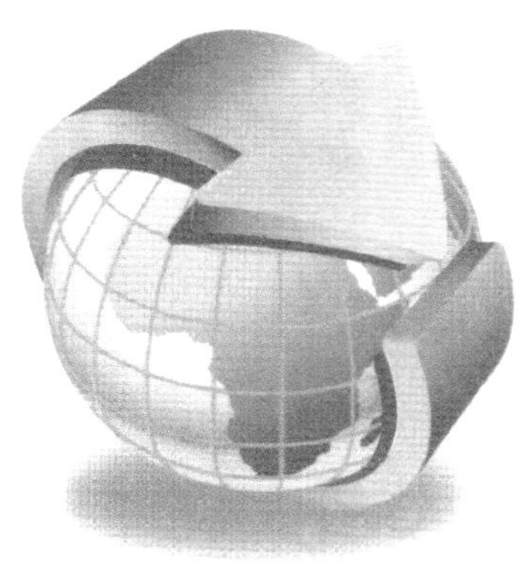

第 1 章　賣場的佈局與陳列 / 9

賣場佈局包括購物路線的佈局、陳列面積的安排、各項設施安置、商品配置的佈局等，再配以恰當溫馨的購物氣氛，將給商品銷售帶來可觀的促進作用。

第 2 章　賣場的組織運作與職責　/ 65

零售業賣場的組織結構，包括管理部門和營運部門，賣場作業人員的配置，取決於顧客流量，以及零售賣場計劃為顧客提供的服務水準。管理人員是賣場經營與管理的重要力量，其配置必須與企業規模、業態及作業人員的多寡相一致。而要恰當地選擇作業人員，零售企業必須確定選擇標準。

第 3 章　賣場的會議管理　/ 87

開會形式包括早會、夕會、月會、業務會議等。例會對賣場非常重要，它承上啟下，是提高賣管理水準、增強執行力的一種有效手段，透過例會的召開，能激發創意，提高共同意識，彼此合作精神。

第 4 章 賣場的禮儀規範 / 101

賣場人員的儀容儀表管理，要求賣場作業人員的服飾、姿態和舉止風度符合企業的規定。

規範的儀容儀表，可以表現出賣場作業人員對工作的態度。賣場作業人員的一舉一動，關係到零售企業的形象。加強賣場服務語言的管理，增強與顧客溝通的能力，提高賣場服務水準。

第 5 章 賣場的安全管理 / 139

零售賣場的商品防盜，已成為難處理問題，應雙管齊下，既防顧客也防員工。賣場的保安、衛生作業顯得尤為重要。保安作業要實施對賣場的安全工作，防火、防災等工作。

第 6 章　賣場的收銀與財務管理 / 181

賣場財務的每日交接與管理，櫃台的收銀作業流程，都應有規範的作業流程，財務管理打好基礎，才能保障賣場收益。

第 7 章　賣場的促銷 / 206

賣場促銷形式多種多樣，都是很好的促銷手段，吸引顧客的眼球。會員積分方式，更是一種有效鞏固和激勵老客戶多次購買的銷售手段，賣場都熱衷推行。同時還要注重促銷活動結束後的清點、補貨、整理、評估工作。

第 8 章　賣場的商品價格管理 / 238

只有價格合理，才能夠贏得長期的利潤。賣場應根據本企業所經營的商品種類的不同，目標市場、目標顧客群體的不同，分別採取不同的價格策略，以達到最佳的效益。

第 9 章　賣場的廣告物管理 / 257

賣場廣告稱為 POP 廣告，將全店氣氛加以活性化，促進賣場的活性，刺激顧客的購買慾望。賣場廣告執行的是一種商品與顧客之間的對話，賣場需要 POP 廣告來溝通與顧客的關係、介紹商品，如商品的特色、價格、用途與價值等。

第 10 章　賣場商品管理 / 285

零售賣場開業後，要根據經營狀況加以修改變更，重點商品是經營的主力商品。導入新商品，淘汰滯銷商品，都是賣場商品管理的工作內容，是銷售經營的有力保證。

第 11 章　賣場的理貨管理 / 306

賣場理貨包括理貨與補貨。理貨是指檢查商品擺放狀態，控制損耗，以及清潔、盤點等。補貨是指將標好價格的商品，依照商品各自既定的陳列位置，定時不定時地將缺貨品補充到貨架去。

第 12 章　賣場的投訴 / 317

零售賣場的顧客投訴類型，五花八門、千奇百怪，在處理投訴時，首先應分清顧客投訴的類型，針對不同問題，處理人員必須採取不同的處理技巧。處理客戶投訴，要注意保持企業形象。

第一章

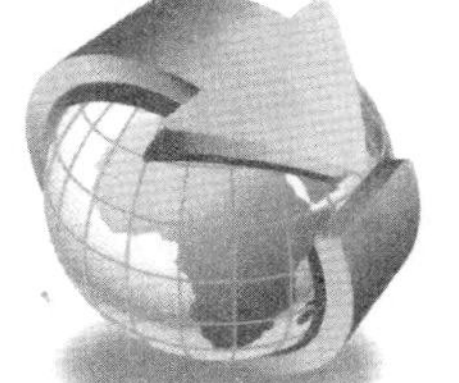

賣場的佈局與陳列

1 賣場佈局的步驟

零售業在完成賣場佈局之後，就必須對其商品進行佈局。在佈局時，必須確定各類商品按什麼樣的結構比例配置，每種商品應配置在賣場中什麼位置。如商品配置不當，會造成顧客想要的商品找不到，不想要的商品卻太多的假像，這樣不僅白白佔了陳列貨架，也積壓了資金，導致經營失敗。

一、確定陳列面積

根據賣場規模確定的方法，可計算出零售賣場為滿足顧客需求的最有效與最經濟的面積，但這些面積要如何分配到各商品呢？有以下兩種方法：

⑴根據消費支出比例，參照現在有賣場的平均比例進行劃分。假設不論什麼商品，其每一平方米所能陳列的商品品種數都相同，那麼為滿足顧客的需求，賣場各種商品的面積配置比例應與國民消費支出的比例相同。但目前賣場的商品結構比，與國民消費支出的結構比有很大的差異，更何況各種商品因陳列方法的不同，所需的面積也有很大的差異。但零售企業仍需以此資料為基準，在進行最簡單的分配後，再做調整。

⑵參考競爭對手的配置，發揮自己特色來分配面積。在進行賣場商品的配置前，可以先找一家競爭對手或是某家經營得很好的、可以模仿的賣場，瞭解對方的賣場商品配置。例如某賣場是競爭店，它有100 米的冷藏冷凍展示櫃，其中蔬果 20 米、水產 10 米、畜產 15 米、日配品 50 米。接著就要考慮自己賣場情況：如果我們的賣場比它大，當然就可以擴充上述設備。陳列更多的商品來吸引顧客；如果我們的面積較小，則應先考慮可否縮小其他乾貨的比例，以增加生鮮食品的陳列面積。在大型零售賣場經營中，生鮮食品是否經營成功往往也就決定了其成敗。如果面積一樣，我們也可分析他們這樣的配置是否理想；如果我們自己有農場，則可以在果菜方面發揮特色，增加果菜的配置面積，而對其他商品的陳列面積進行適度的縮小或要求得更高一點。對於其他乾貨類的一般食品、糖果、餅乾、雜貨等，也都可用此方法分析。

各商品大類（部門）的面積分配做好後，應再依中分類的商品結構比例，進行中分類商品的分配，最後再細分至各單品，這樣就完成了陳列面積的配置工作。

表 1-1-1　商品部門面積分配表

部門	消費支出結構比(%)	面積分配結構比(%)
果菜	24	12～15
水產	11	6～9
畜產	19	12～16
日配	9	17～22
一般食品	7	15～20
糖果餅乾	7	8～12
乾貨	10	10～15
特許品	6	3～5
其他	7	4～6

二、設計購物路線

零售業賣場設計的購物路線，不能讓顧客無目的、無規律地穿行，而應設計一條適應人們日常習慣的購物路線。這樣，顧客會自然地沿著這一線路而行，能看到賣場內各個角落的商品，實現最大的購買量。良好的購物線路是零售企業賣場無形、無聲的導購員。零售賣場商品佈局設計的第一步，就是設計顧客購物的路線。

1. 購物路線設計的原則

在一般的賣場中，存在著三條流動線：顧客流動線、營業員流動線和商品配置流動線。因為現今的許多賣場中一般沒有營業員，只設理貨員或補貨員，因此，零售賣場中主要有顧客流動線和商品配置流動線。顧客購物路線的設計應遵循以下原則：

(1)收銀台終點原則。顧客購物線路的設計，應當讓顧客流覽各商品部和貨架，最後的出口應為收銀台。收銀台應是顧客流動線的終點。這樣，既可以為顧客最終交款提供方便，不走彎路，又可以刺激顧客步行一圈後再離開賣場。

⑵避免死角原則。所謂有死角，一是指顧客不易到達的地方，二是指不能通向其他地方而只能止步回折的區域。死角，或是使顧客無法看到陳列商品，或是使顧客多走了冤枉路，都有會使流動線無效率，賣場也會無效益，因此，應避免出現死角。

⑶拉長線路原則。市場調查表明，顧客購物的線路越長，在店中停留的時間越多，從而實現的購買額越大。因為，購物線路的延長表明顧客可以看到更加豐富的商品，選擇的空間加大。當然，拉長購物線路是以豐富的商品陳列作為基礎的。

⑷適當的通道寬度原則。進入零售賣場的顧客，通常是提購物籃的或推購物車的，適當的通道寬度不僅便於顧客找到相應的商品貨位，而且便於仔細挑選，也會形成一種寬鬆、舒適的購物氣氛。

2.購物路線的基本模式

各種業態賣場的顧客購物線路有所不同。對於超市賣場來說，出入口一般在一個方向，因此，顧客購物線路常是一個大環型輪廓，附以若干曲線。其基本模式如圖 1-1-1 所示。

圖 1-1-1　顧客購物線路基本模式圖

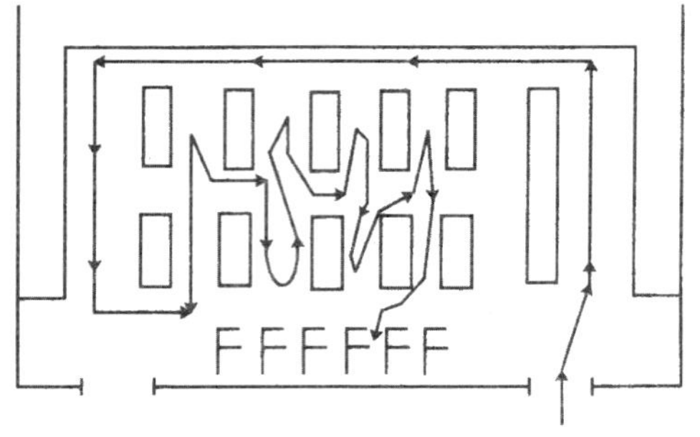

顧客購物線路有大環形和小環形。大環形(如圖 1-1-2 所示)是指顧客進入賣場，從一側沿四週環行後再進入中間貨架。這就要求進入一側的貨架一通到底，中間不留穿行的缺口。

圖 1-1-2　大環型線路圖

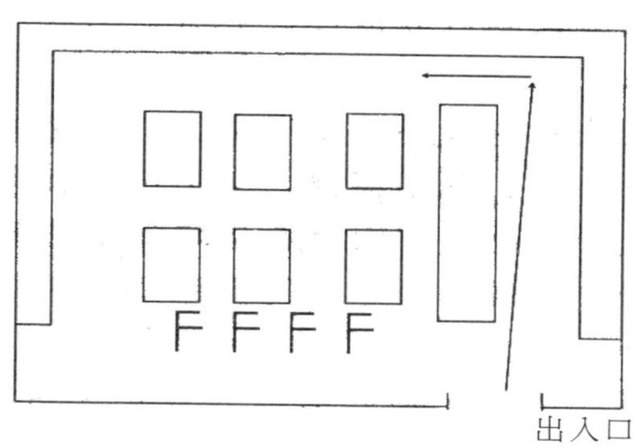

這種大環形通道適合 1600 平方米以下的零售賣場。大型零售賣場採取此法，會讓人感到彆扭和不便。小環形線路(如圖 1-1-3)，是指顧客進入賣場，從一側前行，不必走到頂頭，中間就有通道可進入中間貨架，當然也會有顧客仍選擇大環形線路。小環形線路是對入口一側的貨架採取非連體，即分開式。1600 平方米以下的零售賣場通常用此種方式。

最佳的顧客購物線路是顧客進入後，沿週邊繞行，再進入內側貨架區。顧客穿行貨架越多，購買額越大。當然許多顧客不會將賣場轉一個圈，但有意識地將週邊通道加寬是必要的，人們總是習慣走較寬的通道。同時，在關鍵部位設置獨特、鮮豔的商品會具有路標作用，可讓顧客光顧更多的貨架。

圖 1-1-3　小環型線路圖

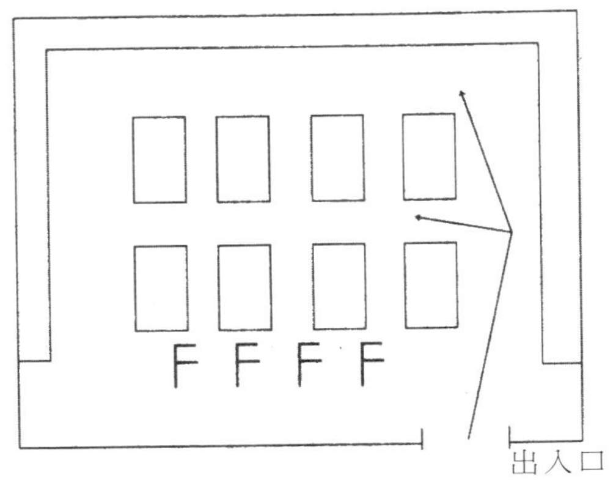

3.通道的設計

理想購物線路的形成不能靠強制，而應引導形成。引導包括兩方面，一是通過商品陳列引導；一是通過通道設計引導。因此，通道設計是顧客購物線路形成的重要影響因素。

零售賣場中顧客購物的主線路為主通道，副線路為副通道。通道的設計應遵循購物線路的設計原則，既不擁擠，又不浪費面積。現在零售賣場普遍存在的問題還是通道過於窄小，表面上看是增加了陳列面積，實際上給顧客造成了不便，甚至轉身、拿底層貨架上的商品都成為很困難的事，這樣會擠走部份顧客。

一般地說，超市賣場的主、副通道都大大寬於百貨商店的主、副通道。百貨商店的主通道在 1.3 米以下，副通道在 1.2 米以上，而超市賣場的通道不應低於這個數。一般來講 500～1000 平方米的超市賣場的主通道寬度為 2.5～2.7 米，副通道寬度應在 1.5～1.7 米。最小通道不能小於 0.9 米，要能讓兩個人併行或逆向通過。收銀台前的通道要適當寬些，一般要在 2 米以上。

佈置寬度適宜的通道以後，一定要保證它的暢通無阻，通道中不可設置與商品陳列無關的器具與設備。讓顧客能自由地穿行，沒有障礙地選購，使他們感到舒適和便利。

三、進行商品配置

有了賣場陳列面積的配置後，零售企業賣場在具體的商品配置上應依據顧客的購物線路，也就是購物商品的順序進行商品配置。顧客到賣場購物的順序一般是：

果菜→醬漬菜→肉類→魚類→冷凍食品類→調味品→糖果餅乾→飲料→速食品→麵包→日用品。

圖 1-1-4　賣場商品配置圖

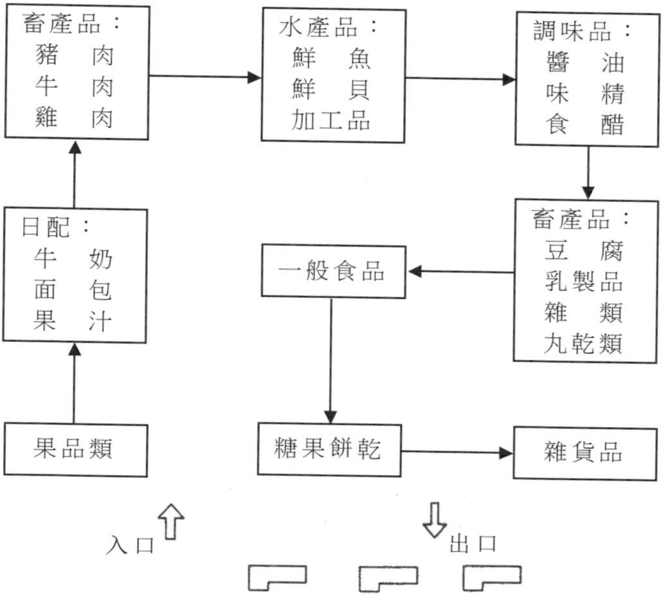

畜產品：
豬　肉
牛　肉
雞　肉

水產品：
鮮　魚
鮮　貝
加工品

調味品：
醬　油
味　精
食　醋

日配：
牛　奶
面　包
果　汁

一般食品

畜產品：
豆　腐
乳製品
雜　類
丸乾類

果品類

糖果餅乾

雜貨品

入口

出口

依據顧客的購物習慣，零售企業賣場便可決定商品的配置。根據美國零售企業的經驗，新鮮蔬菜、水果如果擺在賣場的進口處，則其銷售額都較高。這是因新鮮的蔬果是顧客每日必購的物品，擺在進口處較容易吸引顧客；而果菜的顏色鮮豔，可以加深顧客的印象，較能表現季節感；同時，水果的大量陳列，可以給顧客豐富的感覺。所以絕大多數大型賣場都將果菜類擺在進口處。

日配品中，牛奶與果汁由於購買頻率高，銷售單價又不高，並且已成為現代人生活的必需品，所以許多零售賣場逐漸將它們放在主通道上。

此外，商品的配置也要注意關聯性，落地式貨架的兩側部份不得陳列關聯性的商品，因為通常顧客是依貨架的陳列方向行走，很少再回頭選購的。

四、商品佈局的調整

商品佈局的調整主要是依據磁石理論對商品的佈局進行調整。所謂磁石就是指賣場中吸引顧客注意力的商品。

運用磁石理論調整商品佈局就是在配置商品時，在各個吸引顧客注意力的地方陳列合適的商品，來誘導顧客逛完整個賣場，並刺激他們的購買慾望，擴大零售企業的商品銷售。根據商品對顧客吸引力的大小，可以將其分為第一磁石、第二磁石、第三磁石和第四磁石以及第五磁石。表 1-1-2 是磁石商品類型的劃分。

表 1-1-2　磁石商品類型劃分表

磁石類型	商　品　類　型
第一磁石商品銷售區（沿主通道）	1. 銷售量大的商品
	2. 購買頻率高的商品
	3. 主力商品
	4. 進貨能力強的商品
第二磁石商品銷售區（在主通道穿插）	1. 前沿品種
	2. 引人注目的品種
	3. 季節性商品
第三磁石商品銷售區（在陳列端架）	1. 特價品
	2. 大眾化的品牌、自有品牌商品
	3. 季節性商品
	4. 時令性商品
	5. 廠商促銷商品(新產品)
第四磁石商品銷售區（每一陳列架上有一、兩種）	1. 貼有醒目的促銷標誌的商品
	2. 廉價品
	3. 大量陳列的商品
	4. 大規模廣告宣傳的商品
第五磁石商品銷售區（陳列在顯眼、必經的地方）	1. 低價展銷的商品
	2. 非主流商品

在賣場中，各「磁石」商品的陳列位置如圖 1-1-5 所示。

圖 1-1-5　磁石商品陳列位置圖

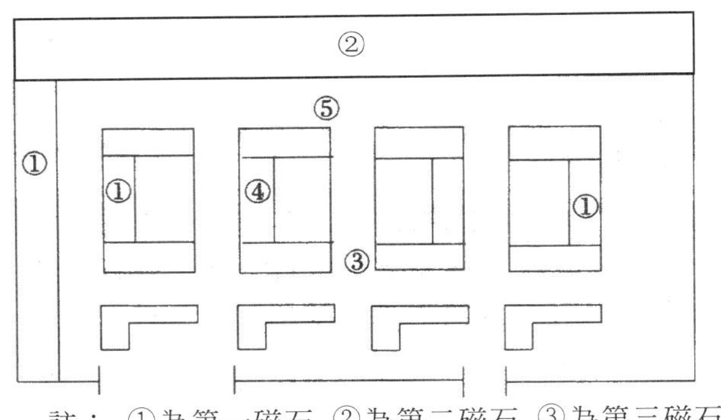

註：①為第一磁石　②為第二磁石　③為第三磁石

④為第四磁石　⑤為第五磁石

在超級市場賣場中，人們普遍認為「第一磁石」是食品。食品是超級市場的主力商品，應該被陳列在賣場上通道的兩側，這些位置是顧客必須要經過的，購買頻率高，消費量大，能為超級市場帶來豐厚的經濟利益。

第二磁石應該是洗滌用品，這些商品具有華麗、清新的外觀，能使顧客產生眼前一亮的感覺，外觀效果明顯。常常被陳列在賣場通道的末端，即超級市場的最裏面，吸引顧客進入到超級市場最裏面。

第三磁石應該是個人衛生用品，它們常被陳列在超級市場出口對面的貨架上，發揮刺激顧客、留住顧客的作用。這些商品也是高利潤商品，顧客較高的購買頻率保證了該類商品一定規模的銷售量。第三磁石商品的作用在於吸引顧客的視線，使顧客看到配在第三磁石商品背後的輔助商品(見圖 1-1-6)。

圖 1-1-6　第三磁石商品配置圖

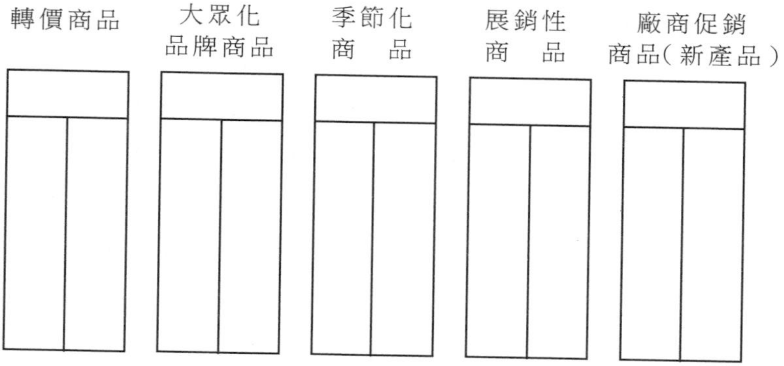

轉價商品	大眾化品牌商品	季節化商　品	展銷性商　品	廠商促銷商品(新產品)

第四磁石應該是其他日用小商品。它們一般被陳列在超級市場賣場的副通道兩側，以滿足顧客求新求異的偏好。這類商品在陳列地，要突出 POP 效果，例如大量的陳列式陳列、贈品促銷等，以增加顧客隨機購買的可能性。

2 賣場設施的安排

賣場設施的佈局，主要包括前方設施、中央設施以及後方設施的佈局。具體如下：

一、前方設施的佈局

前方設施的主要功能是誘導與宣傳，以引起顧客的注意，並產生興趣，繼而迅速聯想。顧客的聯想一般是「我在這裏可以買到什麼、滿足什麼或享受到什麼樂趣」。

賣場佈局原則是如何讓顧客「很容易走進來」，這「容易」二字有兩個解釋：第一，沒有障礙、阻擋，當然很容易就進來；第二，零售賣場具有極大的吸引力，顧客非常願意進來。激發顧客內心的慾望，讓慾望驅使顧客本身很容易地走進來，正是前方設施最重要的功能。前方設施如能引起顧客注意，繼而使之產生興趣，然後聯想到要進來購物，其佈局便算成功。前方設施要顧及的大致有下列事項：

1. 停車設施是否完備

停車的困難是最感困擾的，「停車方便」已成為當今商店吸引顧客最重要的因素之一。

車位難求是眾所週知的，如果能在可能的範圍內規劃停車場地，可為零售賣場吸引更多的客人。很多餐廳或高級聚會場所都已提供「代客泊車」服務，也確實吸引了很多顧客。位於郊區的購物中心或量販店，也因有停車場而讓顧客趨之若鶩。此處不用「停車場」而用「停車設施」，其主要意義在於：如果沒有面積足夠的停車場，零售企業是否有除「代客泊車」之外的方法來為顧客服務，以吸引更多的顧客。

有很多的家庭主婦或青少年是以摩托車或自行車代步，零售業在進行停車場的規劃時，也必須考慮進去。

2. 招牌

招牌是吸引顧客注意力的第一焦點。招牌的設計，只有先能引起人的注意，才可能吸引顧客走入店內。此時要考慮：

①正面招牌的位置、大小、廣告效果；

②向外伸出的招牌的大小，位置；

③其他附屬零散小廣告板的情形；

④廣告招牌的設計是否與營業種類相稱；

⑤招牌的字體與色彩是否鮮明；

⑥招牌是否能吸引人；

⑦招牌的照明度是否足夠；

⑧招牌的形象是否良好；

⑨招牌的廣告價值如何；

⑩招牌的設計是否考慮到讓它在夜間時也能同樣醒目照人。

3. 入出口的設計

招牌吸引了顧客的目光，入口導引顧客進入店內。

「讓顧客很容易地走進來」是商店做生意的開始，如何選擇一個適當的入口，將是決定日後客流量的關鍵。商店在選擇出入口的時候，應仔細觀察行人的動線。選擇行人經過最多或最接近的方向與位置作出入口應是比較適當的。

當然，入口與商店內部的配置有絕對的關係，有時為遷就賣場的具體情況，入口亦需重新設計。例如，現在有很多零售賣場是位於二樓或地下室，其出入口必須有明顯的標誌，才有利於引導顧客走入店中。

二、中央設施的佈局

中央設施的主要功能是展示、陳列、販賣及促銷。在消費心理方面，是要借商品的展示陳列，激起顧客的購物慾望；顧客有了購物慾望之後，就會開始比較。同樣要買一罐沙拉油，顧客考慮的可能是品牌、品質、內容或價格。如果此時有適時的促銷工作，如特賣、賣場作業人員的解說，就更能讓顧客確信並決定購買。

1. 通路

良好的通路規劃，可引導顧客在自然中走向賣場的每個角落，也就不會有所謂的「死角」產生，這才是賣場的充分運用。當然，這還需要輔以商品的配置以及陳列的技巧。為了引導顧客走到陳列架的最末端，通常中間都沒有中斷；如果情況許可，通路還應採取略寬的規劃。在大中型零售賣場裏，主通路應有 2.3 米寬，副通路也都在 1.2 米以上；而在小型店鋪，面積小，通路自然就較窄，但最窄的通路也不應小於 0.9 米。

通路方面要考慮的是：

· 通道的寬度是否足夠；

· 與出入口的連接是否妥當；

· 通道、地板的情形是否良好；

· 通路的來往是否順暢。

此外，通路與顧客的動線也息息相關。商店開業後，應仔細觀察顧客的動線。在通過率最低的地方，應適度地調整通路，或通過商品陳列技巧，引導顧客經過。顧客經過的地方越多，衝動購買的品項也就越多。此時可採用下述方法：

①取出店內的平面配置圖。

②觀察來店顧客在店內移動的路線，用筆加以描繪。

③整理出「顧客來店動線觀察結果圖」。

如此一來，便可知：

①何處是賣場的死角，如何避免。

②整店規劃的誘導力是否足夠。

③何處是賣場較強勢的地區。

④如何以暢銷商品帶動滯暢銷品和銷售不佳的商品，使其一併銷售出去。

2.陳列設施

陳列設施與商品互為一體。良好的陳列設施，如冷藏冷凍櫃等，不但能確保產品的鮮度，更能展現出商品的魅力，增加顧客的購物慾望。但冷藏冷凍櫃可說是零售企業最大的投資支出，如果品質功能不好，將增加日後對商品鮮度管理的負擔，且會造成無謂的損失，故選用冷凍冷藏櫃時，不可貪圖便宜或疏忽大意，以免後患。

陳列架是零售企業所不可或缺的。在開業前的準備過程中，必須先完成商品的規劃，然後依據各項商品的特性以及在賣場的擺放位置，選用不同的陳列架，使之與商品展現出相得益彰的效果。

通常在小面積賣場裏，大多採用較矮的陳列架，使空間感覺較為寬敞，並減少壓迫感，至於大型的賣場，目前也有零售企業完全採用倉庫型的貨架，這就必須考慮自己的經營政策與方針了。當然還有各式各樣的陳列平台以及各種輔助器材，也可視具體情況採用，有關陳列設施，最要考慮的就是讓商品很容易被看到以及方便取放。其他要考慮的是：

- 陳列櫥櫃的形態、位置、排列、大小是否適當；
- 櫥櫃內的商品是否顯眼，購買時是否容易拿取；
- 陳列架上的商品是否易於挑選、整理；
- 價目表是否清楚易見；
- 商品陳列架的高度、寬度是否適當；
- 陳列架上的商品標示是否一目了然；
- 陳列架是否清潔明亮；
- 商品陳列是否考慮到客人的視線與視覺。

3.標示用設施

良好的標示，可指引顧客輕鬆購物，也可避免死角產生。標示用的設施主要包括：

①進門的商店配置圖。它讓顧客在進門前就可初步瞭解自己所要買的商品的大概位置。

②商品的分類標示，如果菜、水產等。現在的零售企業都用較矮的陳列架，商品的確切位置一目了然。

③各商品位置也有機動性的標示，如特價品銷售處懸掛的各種促銷海報。

④店內廣告或營造氣氛用的設施。

⑤介紹商品或裝飾用的照片。

以上都是相關的標示用設施。另外還要考慮：

· 出入口、緊急出口等引導客人出入的標示是否顯眼；

· 各部門的指示標誌是否明顯；

· 營造氣氛用的設施是否容易使用；

· 廣告海報是否陳舊破爛。

4.接客設施

接客設施包括進口處的服務台以及最後結賬的收銀台。服務台大多位於入口處，通常兼含寄物的功能。

收銀台位於出口，應依序予以編號，可根據現場的實際情況採用單線排或雙並排的方式。每台收銀機每日可處理 5 萬～10 萬元營業額，我們應依營業計劃中的營業預估，事先做好準備。而在開業之初，生意通常是正常狀況的 3.4 倍，所以應爭取得到供應廠商的最大支援，以免讓顧客久候不耐煩。

圖 1-2-1　收銀台排列方式

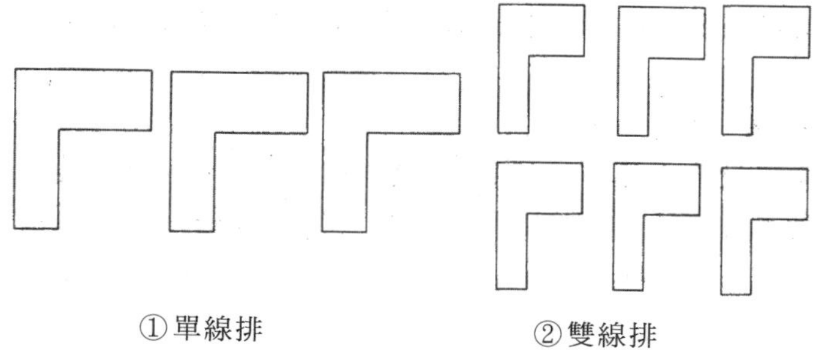

①單線排　　②雙線排

設計接客設施應考慮的是：

- 在什麼地方提供服務，提供什麼樣的服務；
- 接客設施的位置與設計是否恰當；
- 化粧室是否夠用、清潔、明亮；
- 是否有讓顧客休息的地方；
- 是否有讓小孩遊樂的場所：
- 寄物是否方便；
- 是否設置傘架、傘套；
- 是否有充足方便的垃圾箱；
- 是否設有配合性的專櫃，以方便顧客；
- 是否設有自動提款機。

三、後方設施的佈局

後方設施的主要功能是為員工的勞動，生活以及商品的加工處理與進貨等提供支援。後方設施也即所謂的「後場」，大部份是員工以及廠商活動的空間，擔負著為前場提供支援補給以及指揮服務的責任。

1. 作業場

作業場是零售企業從事商品化的場所，也就是將原材料加以分級、加工、包裝，標價的場所。在大型零售企業裏通常需有果菜、水產，畜產以及日配品等加工處理場所，而小型零售企業因場地的關係，有時有並用的情形。生鮮食品的作業場應注意溫度的控制以及排水的處理，以求合乎衛生條件。當然，位置的安排以及與前場的連接也須引起注意，以求工作起來覺得便捷與流暢。

2. 生活設施

員工的生活設施主要有：休息室、食堂、化粧室、浴室等。優良的生活設施不僅有利於員工的招募，更可提高員工的工作效率。生活設施的清潔維護工作是非常重要的一環。

3. 辦公室

辦公室通常是店長或店內主管辦公的場所。此外，店內的財務、人事以及監視系統、背景音樂播放系統等，都應在此管理。

4. 倉庫

許多零售企業賣場的商品不外乎生鮮及乾貨兩種。對生鮮食品而言，須有作業處理場；對乾貨而言，就需有一個倉庫，以作為進貨後暫時存放的場所。須注意的是後場的倉庫僅作為自進貨至陳列期間進行短暫儲存的場所，而非長期存放，其週期應為 1～2 日。目前由於物流公司的功能越來越強，可為賣場提供較佳的服務，因此後場的倉庫面積有逐漸縮小的趨勢。有關倉庫規劃，最應考慮的是出入是否方便。

5. 器具

後場有關的器具主要有搬運用器具、通信器具、計量用器具、保持鮮度的設備、商品化的處理設備、包裝器材等，其規格及種類繁多，可視實際需要逐次採購。

就整個後方設施的佈局而言，要考慮的有：

- 配置的面積是否適當；
- 動線是否流暢；
- 設施是否符合衛生、安全的要求；
- 員工生活設施是否讓員工感覺舒適、充裕；
- 辦公室處於樞紐位置，是否能確實控制前場和後場；
- 倉庫的進出是否方便；
- 各種器具是否充足；
- 作為一個支援單位，整個後場的相關設施是否能激發員工的潛能效率。

四、舊賣場商品配置表的修正

零售業賣場開了以後，並非商品配置好了就永不變更了，而是要根據經營的狀況加以修改變更。

這種變更的工作最好是在固定的時間進行，不要想變就變、想動就動，否則商品配置很容易出現混亂、不易控制的情形。例如，一個月修正一次配置表或一季變動一次、一年大變動一次，皆是較為妥當的做法。

1. 檢查 POS 銷售資料

有 POS 設備的賣場，每個月一定要檢查商品的銷售狀況，看看那些商品暢銷、那些商品滯銷，列印出這些商品，並尋找暢銷及滯銷的原因。假如賣場仍未設置 POS 系統，則可從進貨量中去檢查那些商品特別暢銷及滯銷。當然，從進貨量中去判斷時，要稍加檢查庫存的情形才能判斷出商品是暢銷還是滯銷。

2. 確定滯銷品並進行淘汰

商品滯銷的原因有很多，可能是產品本身不好、廠商的營銷方法不佳，也可能是季節性的因素，更可能是商店的陳列或定價等因素造成。所以滯銷原因追查出來後，要判斷是否可能改善，若無法改善且已連續幾個月皆出現滯銷，就要斷然採取剔除的工作，以便能引進更有效率的商品。

3. 調整與導入

調整與導入是指暢銷品的陳列面及進行新品項的導入。對於特別暢銷的商品應檢查其陳列面積是否恰當，同時對於因刪除品項而多出的空間，應導入新商品，以更替滯銷品。

4. 實際調整

修改商品配置的最後一個步驟，當然是實際的調整工作。牽一發則動全身，修改一個品項，有時可能會牽涉到整個貨架陳列的修改，但為維持好的商品結構，雖然繁瑣，也要進行。有些店經營時間日久之後，商圈入口、交通狀況、競爭情形都出現了變化，這時必須大幅度地修改商品配置，甚至連大類配置都要變，這是大修改。在這種情況下，則應比照新開店的方式來製作商品配置表，如此會進行得比較順暢、完整。

3 購物氣氛的設計

購物氣氛，可以被理解為賣場中的「軟環境」，它是指由色調、氣味、聲音、溫度、促銷員等共同營造的，並能對顧客購物的心情、節奏、欲望產生影響的環境因素。購物氣氛的設計也能夠給商品銷售帶來可觀的促進作用，是店主在賣場設計與經營時必須考慮的。氣氛設計需要店主充分理解各種元素的使用效果及特點，並將其與銷售商品的要求、目標客戶群的偏好聯繫起來，是藝術與科學的結合。

一、賣場的色彩

色彩存在於賣場當中的任何一個角落，所有顧客的購物行為都會有意識或無意識地受到環境顏色的影響。顏色本身的選擇可以營造各種購物氣氛，其搭配則能產生不同的心理作用。賣場的色彩設計同樣要與經營定位和風格結合起來，同時也應考慮商品陳列的具體細節。

在給賣場佈置選擇色彩時，應首先瞭解不同色彩本身所具有的印象特徵。

色彩本身除了能給人帶來不同的印象以外，還會產生空間、重量等其他感官上的效果，這是一件很有意思的事情。不少案例和研究都證實，人們在看到各種色彩時。會產生相應的心理反應。許多賣場正是利用這一點來安排色彩的使用，以達到展示和促銷的作用。

在賣場當中，涉及到的色彩主要分為四個層次，即背景色彩、展具色彩、商品色彩和促銷色彩。店主需要對這些色彩加以靈活搭配，共同營造引人入勝的購物氣氛。

1. 背景色彩

賣場空間中的背景色彩是指由牆面、地面、天花及其間的商品、展具、促銷用品等構成的綜合性環境色彩。可見，背景色是由賣場中各種介面所營造的主色調，色彩面積大，具有傳遞賣場定位和文化主題的作用。一般比較常用的介面材料都採用近似白色的明亮色調，這也符合大部份賣場的色彩需求；但在一些時候，也應當根據經營需要來使用更加豐富的色彩。

在定位復古、經典的服裝賣場中，可以採用黑色、深色來裝飾部份牆面，以體現厚重感；在面向年輕、女性顧客的精品店中，也可使用明快的淡粉色來營造青春的氣息。在尋求提高購物效率的便利店中，一般都使用白色作為背景色，並且配以明亮的燈光、鏡面等來襯托快捷的主題；而在精品店、專賣店、飾品店中，一般可以使用深色的背景來讓人放慢腳步，仔細品味、選購商品。

2. 展具色彩

賣場中的展具色彩是指貨架、立櫥、櫃台、籃筐等多種陳列用具的顏色。這些展具可以將環境分隔為各個局部空間，把顧客的視線範圍引導到其中陳列的商品上。展具的色彩選用應當側重於過渡作用，即由環境色過渡到商品色，其本身不必特別地加以突出。

在一般的賣場中，主要的貨架都採用白色、乳白色等與環境比較接近的顏色，且這種五色彩系的顏色通常不會與商品包裝的顏色產生搭配上的衝突。而在堆頭、島式陳列中使用的陳列用具可以使用包括紅色、綠色在內的較為鮮豔、醒目的色彩，其主要的目的是吸引顧客的視線。

3. 商品色彩

商品色彩即是商品包裝或其本身所固有的色彩。「遠看色彩近看花」，現在產品包裝的顏色越來越豐富，遠觀效果也越來越明顯。雖然有些商品本身的體積較小，但是在貨架上陳列開以後，也會有比較突出的整體效果。一般而言，臨街開設的店鋪可以在入口處擺放暖色調包裝的商品，利用其膨脹感和誘惑力吸引顧客。在賣場的中間或靠裏的區域，可以按排面陳列綠色、藍色等包裝顏色比較輕快的商品，緩解顧客在購物過程中的視覺疲勞；而對於具有黑色、褐色等外包裝的商品，應當儘量擺放在較低的位置，從而保證空間的平衡。

4. 促銷色彩

促銷色彩是指賣場中通過 POP 廣告、促銷道具、促銷員著裝等形式所形成的色彩氣氛。在不同的季節，可以使用不同冷暖色調的促銷色彩，這一點已不用再贅述了。針對不同的商品採取促銷活動時，也需要選擇適當的促銷色彩。通常來講，促銷色一般應採用暖色調，如紅色、橙色、金色等，但也應當與商品本身的屬性和包裝色彩統一。在生態產品、食品的促銷過程中，可以使用綠色、橙色等顏色來突出自然與柔和；在手機、相機等產品的展示促銷中，可以選用銀白、灰色等數碼意象的代表色；而在家電、廚具等用品的促銷中，既可以使用藍、白等明快的色調來襯托產品的易用、清潔，也可以使用粉色、肉色來表達家庭的溫馨。

二、賣場的氣味設計

氣味之於嗅覺，正如色彩之於視覺，同樣會作用於人的心理，影響其購物的情緒。在賣場當中，可以根據銷售區域的需要適當散發商品本身的氣味，並儘量消除令人不快的氣味。

1.適當散發商品本身的氣味

在賣場中，熟食、水果、蔬菜、糕點等食品的氣味能夠讓顧客聯想到具體的商品，具有引導和誘惑的作用，可以適當地散發。但應當注意的是，氣味散發的範圍不宜過大。通常對大型賣場而言，特定食品銷售區域以外 3～5 米左右的地方氣味應明顯減淡。因此，對於燒烤等容易產生氣味的工序，應當在獨立的空間內完成。同時，氣味不應過濃，例如一些香水的氣味並是所有人都能接受和喜愛的，過於強烈的刺激也會讓人覺得反感。而對於榴槤等味道特殊熱帶水果，則不應切開，必要時還應通過加罩等辦法避免氣味的散佈。

在大型賣場中，麵包烘焙坊也會散發出濃郁的香味來招徠顧客，但應注意顧客的流動方向。例如當購物區位於 1～5 層，6 層為就餐區時，就應當儘量將氣味控制在上行的電梯附近，因為這裏的顧客正要前往就餐，氣味可以引起他們強烈的食慾。而在下行的電梯附近，經過的顧客已經享受過美食，對於食物的需求強度已經大大減弱了。

2.儘量消除令人不快的氣味

賣場中可能讓人不愉快的氣味主要來自以下幾個途徑。一是建築外道路上的塵土及汽車尾氣所造成的氣味；二是賣場中顧客汗液蒸發產生的氣味；三是賣場中銷售的魚、蝦等所散發的腥味；四是洗手間、清潔間等散發的異味。

這些氣味會讓顧客反感甚至覺得噁心，進而大大減少商品銷售的成功率，應當儘量予以消除。主要的辦法包括增加隔斷裝置，如入口處的風幕或垂幕、洗手間的拉門等，在特定銷售區域可以加裝通風換氣設備，也可適量使用空氣清新劑。

三、賣場的音樂

賣場中的音樂是點綴銷售氣氛，為顧客帶來購物享受的重要元素。富有個性化特點的賣場音樂還能夠讓消費者留下深刻的印象，起到代言的作用。在設計賣場音樂時，同樣有許多值得注意的地方。

1. 音樂的選擇

播放曲目的選擇是音樂氣氛塑造的基礎，通常有三個選擇方向。一是根據不同銷售區域的商品和客戶群特點，播放相適應的背景音樂。例如在兒童玩具銷售區播放動畫片的主題曲，在時尚服裝銷售區播放流行音樂、搖滾樂等，在休閒服銷售區播放鄉村音樂等。二是根據節日促銷的需要，播放特定的代表曲目。

賣場中播放的音樂應當時換時新，可以選定一週中的某一天，由專門的部門或人員負責音樂的篩選和更換，力求精益求精。總的來說，賣場中的背景音樂應當輕快而富有節奏感。在促銷時節，還可以選用現場演唱版等較為熱烈的音樂來烘托購物氣氛。在銷售時尚品牌或進口品牌的商店中，富於異域情調的歌曲也值得播放。

在同一天中的不同時刻，音樂的節奏快慢也應有所區別。一般來說，客流量越大的時候，節奏應當越快，以此讓顧客們更快地「動」起來。而客流較少的時候，可以選擇節拍較慢的背景音樂，讓顧客在賣場中多留一會兒，多看一會兒。特別地，午後的 12：00～14：00 是人們容易犯困的時候，可以選擇節奏稍快的歌曲，提高顧客的興奮度。

2. 循環的方式

賣場中的音樂曲目應當隨機變化。對於中小型賣場而言，顧客每個月前往購物的次數很多，並且很可能會在固定的時間，如果每次都聽到相同的音樂，難免會覺得有些單調。除了增加、更換播放曲目，還有的辦法就是變化播放順序。

在播放的兩曲音樂之間，應當有 20～30 秒的間隔，或者插播賣場的介紹、歡迎致辭、促銷提醒、特賣商品介紹等語言類廣播。這些廣播的時間可以在 2～4 分鐘左右，相當於一首歌曲的長度，並且還可以再配上背景音樂。

此外，賣場開店、打烊時的音樂可以有所固定，讓消費者對相應的音樂產生記憶。如每當打烊的音樂響起時，配合提醒顧客「商場即將結束一天的經營」，久而久之，使其產生條件反射，從而起到提示消費者注意購物時間的作用。

3.音量的控制

賣場中音樂的音量控制具有較強的技巧性。總的來說，音樂的音量應當高於噪音，又低於 2 米內的正常說話聲。這樣的音量，既可以掩蓋住令人煩惱的雜音，又不影響人們之間的語言交流。賣場中，噪音水準應儘量控制在 55 分貝以下，而背景音樂一般在 60 分貝左右。

需要注意的是，不同歌曲的音量、同一歌曲不同部份的音量是有所差別的。使用電腦刻錄 CD 的功能，可以實現將不同曲目的音量調整到同一水準的功能；而對於一首歌中高潮部份與序曲部份音量差別過大的情況，則只能通過更換曲目來解決了。

4.版權的問題

大型賣場中播放的背景音樂，屬於「公共場合」的表演，涉及到版權的問題。

5.管理賣場內的音樂

在顧客購物時，商場總是會播放一些音樂，營造氣氛。其實，這裏面正隱含著商家利用音樂來刺激消費者購物慾望的想法。可是，很多時候，由於在選擇音樂上並不是很明智，結果導致大批顧客反被音樂「趕走」。

合宜的背景音樂能對銷售起到何種作用呢？儘管沒有相關數據表示背景音樂和商場的盈利額有很明顯的掛鉤，但是一首好的音樂會使人心情愉悅，就可能會使部份顧客在場內多停留一些時間，也可能使商場的營業額得到增加。

日常工作中，要注意研究背景音樂播放的技巧，做好各種背景音樂的素材收集與選擇工作，最好是列出不同類型的代表歌曲，製作歌曲時段檔期表，這樣背景音樂才會更受顧客喜愛。

⑴根據節日播放

中國人對節日是非常重視的，因此店鋪在不同節日要播放與節日有關的主題背景音樂來應景。例如情人節播放情歌素材，父親節母親節播放以節日為主題的歌曲，春節播放喜慶的音樂，營造節日氣氛。

⑵根據時段播放

不同時段播放的歌曲風格也應各有不同，例如店鋪在銷售高峰期就要播放以輕快為主的流行音樂，配合輕鬆興奮的購物心情；在中午主要播放休閒音樂為主。平時的時段，還可以把音樂分為不同的風格，例如流行歌曲，休閒器樂，搖滾樂，懷舊金曲，古典音樂等，並把這些按時間排列，每首之間穿插不同的風格滾動播放，會收到不同的聽覺效果。

⑶開店及打烊時音樂各有不同

開店與打烊是固定的流程，同時對顧客也是一種提示，表明此時門店要開張或關門了，這時播放的音樂一般以比較規範和固定為好。例如開門播放的迎賓曲，風格主要以流暢、激揚等類型為主。而打烊時就應該放一些節奏稍快，輕鬆活潑的音樂，歡送最後離場的顧客。

(4)不同區劃播放不同音樂

這種情況一般是適用超市或賣場。超市或賣場常常會被劃分為不同的銷售區域，例如兒童區域，家電區域，書刊區域等，播放符合此消費群體的背景音樂會起到非常好的效果。還要注意一點是，各區域的音樂播放要注意控制音量，避免對其他區域產生干擾。

(5)控制音樂節奏

一般來說，店鋪背景音樂主要是以歡快或抒情音樂為播放首選，節奏慢、帶著傷感的情歌類型的音樂要有一定選擇，不然感覺沒有活力，給人死氣沉沉的感覺，那麼效果就大打折扣了。

(6)及時更新背景音樂

再好聽的音樂一再重覆播放也會變得無趣，因此背景音樂除了每個星期或每天更新以外，還要針對製作的檔期播放表進得反覆篩選，刪除部份不合理或過時的歌曲，再補充最合適的曲目，才能做到求新求異，給顧客帶來新鮮感。

四、賣場的溫度控制

賣場中的溫度會對顧客的購物過程產生明顯的影響。一般來說，不同季節的溫度控制應當遵循以下原則。

冬季溫度寧涼不宜熱。賣場作為一個相對封閉的空間，由於人員流動、室內燈光照明等多種原因，室內溫度不至於過低。而且冬季進入賣場的顧客往往穿著較厚，過高的溫度反而會令其感到不適。相較而言，北方冬季室內有暖氣供應，人們習慣於穿著較厚的外套，賣場中的溫度可以設定在 15 攝氏度左右，與普通供暖相近；而南方的人們則會穿著厚實的保暖內衣、棉衣等，溫度過高就十分不便了，室內溫度可以設定在 10 攝氏度左右，加上「人氣」帶來的熱度，足以讓顧客活動自在了。

夏季的室內溫度應儘量保持在 23 攝氏度左右。對食品、蔬菜等商品，可以在相應區域增強冷風，或將其置於冷櫃中。此外，如果室內外溫差大於 7 攝氏度，應儘量設置兩道隔門來形成過渡區域。

在春秋季，室外溫度本身比較適宜，賣場中可以適當開窗通風或使用換氣設備，以此保證室內空氣清新，同時也可節約能源。

賣場中的濕度也會影響到人們對溫度的感覺，一般控制在 40～50%左右比較適宜。

五、營造促銷氣氛

購物氣氛的設計應當與具體的促銷活動結合起來，形成促銷環境。現在，許多大型的商場、超市都選擇讓供應商全權組織承辦節日促銷，這樣的做法容易造成供應商各自為陣、同場競爭的局面，帶來同類產品銷售區域的不當分隔，給顧客留下混亂、無序的不良印象。事實上，作為賣場或超市，應當致力於營造整體的促銷環境，將火爆的氣氛、節日的活動融合到一起，形成統一的人氣、商氣。

促銷環境中可以有許多構成要素，它們都是商家可以利用起來烘托購物氣氛的「道具」。

1. 橫幅

大紅橫幅是傳統的宣傳製品，直到今日仍在大型商場、百貨大樓中屢見不鮮。在賣場建築外部、入口處上部、沿牆式促銷處懸掛醒目的橫幅，將特別能吸引人們的眼球。

2. 展板或背板

展板、背板面積較大，能夠有充足的空間展示品牌標識語形象，商品的全貌，促銷的口號、理念及相關承諾，是大型促銷活動中經常使用的展具。大型背板可以用於露天展銷的空間之中，也可以掛幅的形式用於室內空間。

3. 掛旗

促銷掛旗也是 POP 的一種，懸掛於賣場或超市空間的頂部。掛旗多採用醒目的顏色，其上印有促銷的主題、折扣等內容。宣傳促銷過程中，可以在賣場中大範圍地懸掛統一樣式的掛旗，產生視覺衝擊效果。在某些特定的商品銷售區域，也可以懸掛按照一定範本製作的專門掛旗，用於指示該區域的折扣促銷。

4. 海報

海報是十分常用的商業促銷工具。它以醒目、簡潔的設計，突出賣場的銷售主題，且使用靈活，可以製作粘貼在宣傳區域，也可以用於玻璃櫥窗，甚至作為宣傳單、折頁的封面。海報中的字體有大有小，面向遠近兩處的讀者。

5. 宣傳單

在賣場散發促銷宣傳單是近年來商家經常採取的手段。宣傳單上可以比較詳細地說明促銷活動的時間、商品銷售的折扣、具體活動的日程以及其他的說明事項等。有的宣傳單同時也是優惠券，顧客可以憑此享受折扣。但顧客若在領取宣傳單之後隨意丟棄，也會給購物環境造成影響。這一點在室外促銷中尤其突出，需要通過加強保潔工作來予以解決。

6. 店頭 POP

是店鋪的面部表情，包括招牌、櫥窗、標識物等。它常常以商品實物或象徵物傳達零售店的個性特色。如看板、招牌、站式看板、實物大樣本、高空氣球、櫥窗展示、廣告傘、指示性標誌等。

4 營造誘人的賣場促銷

一、從顏色開始

合宜的色彩配置，可以增加美感。有些門店在舊店改造時一味追求視覺上的美觀大方，著力突出店面專業、高品質的形象，卻忽視在裝修中體現人性關懷的重要性。必須強調，在舊店的裝修改造工作中，必須一切細節以顧客的感受為重。要想在最短時間內讓顧客感到愉悅，店鋪經營者不妨從顏色上著手改變。店鋪若要打好「色彩戰」，要考慮四個原則：

①「適時」──顏色要與商品的銷售相適應。

②「適品」──門店的裝飾色彩應當與商品協調一致，不得有不和諧之感。

③「適所」──店內色調應與商店外部環境相協調，否則影響商店的形象。

④「適人」──考慮目標消費人群對色彩的偏好和敏感程度。

門店經營者最好在裝修時將色彩及閘店定位、季節、商品性質掛鈎。如此一來，透過適當的色彩語言，消費者更易辨識商品，產生購買慾。

因此不要小看色彩的運用，不正確的顏色運用會降低門店和商品的水準，進而影響客單價！近年來，很多店鋪經營者已經開始重視色彩的運用，但門店的牆壁、貨架顏色較為單一，難以適應各色商品的陳列需要。其實這個問題很好解決。假如商品與牆壁顏色屬於近似色甚至同一顏色，店員應儘量找到與商品形成強烈色彩對比的陳列工具。該貨架或櫃子的運用將使商品與牆壁得到色彩區隔。

當我們把商品置於同色貨架時，可以將其他顏色的背景布鋪在貨架上。與商品、商店檔次相符合的背景布，能發揮極大的裝飾用途。若不用背景墊布，店員還可以用排列整齊的海報、廣告宣傳單將貨架遮擋。需要注意的是，海報、宣傳單的色彩、主題、圖片要能凸顯產品賣點。

懂得色彩的含義、門店的用色需要後，店鋪經營者具體應如何在目前的基礎上提高自身對色彩的敏銳感？

①處處留心。除了電視、電影、雜誌之外，我們身邊還有很多關於色彩搭配的生活場景。我們要做個有心人，時常關注關於色彩運用的正反案例。日積月累，我們的色彩搭配能力就會有所提高。

②多運用。美國有一家專門透過無人售貨機出售商品的大型商店。有一段時間，老闆為了美化環境、促進銷量，對門店進行裝修。老闆的出發點是好的，誰知結果卻令人咋舌：店裏的其他產品銷量尚可，肉類銷售量卻急速下滑。百思不得其解的門店老闆聘請行銷團隊進行調查，結果發現問題出在新安裝的窗戶上！原來店裏新安裝了幾面藍色的玻璃窗，陽光透過窗戶變成藍色光線，在藍光的照射下，肉食的顏色變得令人反胃。真相大白後，老闆火速更換藍色窗戶，肉食品銷售機前的顧客才逐漸多了起來。

③學會總結、提煉。一個好的店鋪經營者必須善於總結規律，懂

得知錯就改。例如，冷色調以及白色具有擴大感，因此不適用於處在嚴寒地區、天花板很高的店鋪，否則會讓顧客感到低溫、蕭條。若您的門店在色彩運用上存在類似的錯誤，別猶豫，改！

二、音樂影響購物心情

在安靜的環境裏，人的情緒比較穩定，思維敏捷，所接收到的店鋪、產品資訊會在大腦中留下較為深刻的印象；相反，在嘈雜的環境中，人們容易產生緊張、煩躁、排斥心理，很難將注意力集中在店鋪或產品上。所以，店鋪經營者必須對門店購物環境中的聲音予以關注。

不需要噪音不代表店內不需要背景音樂。85%的消費者承認背景音樂能夠對自身的購買行為產生影響。這是因為過於安靜的購物環境容易造成局促感，而勁爆的音樂雖然激發人的情緒，但也容易讓顧客心神不寧甚至對店鋪避之唯恐不及。只有當音樂聲足以掩蓋顧客發出的嘈雜聲而又不刺耳時，顧客的安全才能得到保障，進而放鬆心情、安心購物。

一家化妝品連鎖企業新店開業慶典。開幕式上熱火朝天，顧客絡繹不絕。但背景歌曲的切換時間過長，由於背景音樂突然停止，店內的各種嘈雜聲被凸顯出來，店內氣氛頓時變得冷清。從盡善盡美的角度出發，無論是在開幕式上，還是在此後的日常營業過程中，此類現象一定要規避。每位店鋪管理者都應當謹慎選擇與店鋪定位最一致的音樂。一旦種類確定後，就不應當輕易變動。

三、清新空氣不可少

隨著生活水準的不斷提高，消費者對空氣品質的要求也越來越高。店內的裝修塗料、膠合板以及某些陳列器材都會釋放甲醛等有害氣體，污染室內環境。

電器也是污染源。例如，若冷氣機未能及時得到清潔，吸塵網上將積聚大量灰塵、蟎蟲和黴菌。在開啟狀態下，這些有害物質就會隨風蔓延，污染門店空氣。

還有的門店處於半封閉的狀態，很少開門。客流量大、密閉時間長，極易引起空氣污濁。

一些商品本身也會對空氣品質造成不良影響。水產品的腥味彌漫在空氣中，讓人避之唯恐不及；調味品店集中了大量的調料，花椒、五香粉等散發出的氣味混合在一起，聞多了嗆鼻……

那位顧客願意兩次踏入一家空氣污濁的門店？又有那位店員情願在空氣不潔淨的環境中長期工作？為顧客的健康著想，也為員工的健康著想，降低室內空氣污染是店鋪經營者刻不容緩的任務。

開窗通風是改善空氣品質最經濟也最便利的辦法。開窗通風要選擇合適的時間。中小型店鋪應經常打開通風口，每次通風時間應在30分鐘以上。如果室內外溫差較大，每天至少於早、午、晚各開窗通風一次，通風時間可縮短到10分鐘左右。此外，在店內使用化學用劑後，至少通風換氣半小時。

每天都有兩個大氣污染相對較低的時段，即上午10點前以及下午3點後，這是最佳的通風時間段！安裝通風裝置或空氣淨化器也頗有奇效。

當零售店鋪的空氣濕度保持在 40%～60%，人體感覺較舒適。但冬天室內異常乾燥，基本達不到這個標準。乾燥的環境容易產生灰塵、靜電，使人心煩、頭暈、胸悶、皮膚緊繃、口渴。因此，很多門店借助加濕器來創造理想的室內濕度。除了調控濕度，加濕器還能使煙霧、粉塵沉澱，有效除去油漆味、黴味和煙味，舒緩神經緊張。

假如店鋪追求的是空氣品質的進一步優化，可在加濕器的水中或店內燈泡上滴幾滴香水、植物精油或風油精，這些特殊液體隨水霧散發或遇熱後，使得滿室生香，從而保證顧客購物時的愉悅心情。

四、燈光亮度

任何一家規範的、在意自身形象的店鋪都會對開燈時間、燈光亮度、安裝地點，乃至燈管的材質進行嚴格要求。例如，7-11 連鎖店總部就要求全世界任何一家門店都必須 24 小時燈火通明。為了減少這項制度的實施阻力，7-11 總部甚至提出承擔所有門店的一半電費。

店鋪經營者重視燈光管理，是因為適當的照明有誘導顧客入店的作用。店外轉角處或鬧店入口附近可以放置可移動燈箱，燈箱上印有店址及方向指引標誌，能起到極佳的誘客作用。明亮的店頭、招牌燈能向遠處的顧客傳遞關於門店的資訊，同樣能起到誘導顧客的效果。其次，燈光也可用來增加舒適感和寬敞感，減少門面過窄導致的壓抑感。若想讓商品在顧客面前呈現美麗的色彩，還是離不開光源，尤其是具備較好顯色指數的光源。

店鋪燈光管理涉及店鋪的主要光源、輔助光源、單點光源、招牌光源、櫥窗光源和倉庫光源。其使用原則如下：店頭照明亮度為店內的兩倍即可；陳列櫃的內置燈光亮度、櫥窗陳列面的照明亮度應為店內照明亮度的 2～4 倍；若想用燈光美化陳列物，那麼白熾燈、日光燈、碘鎢燈或者鏑燈都是明智的選擇；燈光在開業之初必須全部打開。

五、讓門店櫥窗更迷人

人們總說「眼睛是心靈的窗戶」，我們可以透過一個人的眼神判斷他的內在品質，甚至讀懂他的靈魂。而櫥窗是商店的「眼睛」，能透過所展示的產品來反映該店的經營特色，確保消費者能迅速辨明店裏出售的是那類和那種檔次的商品。另外，櫥窗也能透過一定的遮掩效果，為門店製造「朦朧美」，激發消費者窺一「窗」而欲覽全貌的慾望。所以，重點空間要重點裝修，櫥窗設計萬萬不可敷衍了事。

櫥窗設計首先要考慮把櫥窗放在那個方位。擁有三個門面以上的大型門店可以選擇在門臉兩邊設置櫥窗，中間作為大門。這樣佈局的好處是櫥窗顯得氣派，無論客流從那邊來，都能在經過大門前先看到櫥窗，若被櫥窗吸引則可以自然而然地進店。大型門店也可以把櫥窗設置在店面中間，把門開在櫥窗兩邊。用這種方式設置的櫥窗雖然同樣氣派，但就安全性而言不如前一種方法。

雙門面和小型門店可以將一半門臉做成進出口，另一半用來做櫥窗。在決定櫥窗放在左邊還是右邊之前，店鋪經營者應考慮到主流顧客來自那邊。若大多數客流從門店左側進店，那麼櫥窗應設置在左側。這樣顧客在進店前就先看到櫥窗，可以有效提高進店率。

確定櫥窗的「立足之地」後，店鋪經營者需考慮櫥窗的裝修形式。擁有兩個店面甚至更多大型門店往往選擇封閉式和半封閉式櫥窗。

店鋪經營者需要斟酌如何佈置陳列品，店鋪經營者不妨利用外界環境的「惡劣」來使門店形象更深入人心。常見的做法是，夏天把令人倍感清涼的裝飾品或商品放在櫥窗裏，冬天則用暖色調的商品和人造雪花營造櫥窗氣氛，誘導顧客進店。

平時生活中，店鋪經營者可以時常關注知名專賣店的櫥窗設計，以便探尋最近的潮流設計風格，也可以多聽取旁人的意見，找到自家櫥窗的設計缺陷。在不斷的學習和改進中，店鋪經營者必能掌握設計生動、合理櫥窗的技巧！

5 不要小看燈光的作用

門店燈光是對銷售有一定影響的，雖然不能把業績不佳原因都歸為燈光暗淡，但是光線的強弱會給顧客造成什麼影響？門店裏一片灰暗，首先是人感到壓抑，其次是選擇很困難，在如此情況下，交易達成率自然會大大降低。我們再來算一筆賬：一排燈：40 盞，每盞 60 瓦，每天開燈 14 小時，一天用電費用不過 40 元左右。這甚至及不上一件衣服的毛利，孰多孰少，一算可知。

照明在店鋪中扮演的角色是非常重要的，它可以提高商品陳列效果，營造店鋪氣氛，從而創造出一個愉快舒適的購物環境。

(1)商品照明

商品的照明至關重要，它既可以襯托商品的魅力，又可以引導顧客選購。對商品而言，經過光的照射，如暖色光照射在暖色調的商品上，可以加強商品的色彩效果，經由玻璃器皿或有光澤的物品反射的光線，更增添了商品的精緻與高貴。此外經過精心設計的投射光束，會使商品與背景分離，從而產生空間感。色光是具有表情的，它可以烘托製造出特別的氣氛，使商品的內涵得以詮釋，達到展示的最終目的。

對顧客而言，當商品不能從週圍的環境中凸現出來時，光線就可以發揮它的作用了，例如，利用亮度、色調的反差，可以使顧客的注意力集中在特定的商品上，從而達到了視覺引導的作用。不僅如此，經由色光照射，商品會產生柔和、溫暖的感覺，使顧客獲得心理上的欣快感，進而對商品產生好感，以至於產生購買的慾望。

商品照明設計還要注意細節問題，如不同的光源具有不同的色溫，例如，白熾燈為暖光，適合暖色系產品；而螢光燈為冷光，可使白色和冷色調的商品更加具有個性。因此，利用不同的燈具，經由人為的調節，可以營造不同的氣氛，使之顯得清涼或溫暖。這些東西都需要店員在實際工作中認真琢磨。

⑵櫥窗照明

櫥窗照明是針對過往行人而設計的，因此，櫥窗內的亮度應該比賣場高出 2～4 倍。櫥窗的照明不僅要有美感，同時也必須進行商品的視覺強化和氣氛的烘托，所以，可採用下照燈、吊燈等裝飾性照明，使燈光層次分明，具有表現力。櫥窗的燈光要色彩柔和、富有情調。為了達到這個效果，可以採用下照燈、吊燈等裝飾性照明，強調陳列樣品的特色，盡可能在反映樣品本來面目的基礎上，給人以良好的心理感覺。光和色是密不可分的，可以按照舞台燈光設計的方法，為櫥窗配上適當的頂燈和角燈，這樣不但能起到一定的照明效果，而且還能使櫥窗原有的色彩產生戲劇性的變化，給人以新鮮感，達到吸引人視線的目的。

⑶牆壁照明

千萬不要忽略了牆壁照明，它是照明設計中不可缺少的一部份。架式壁面櫃所需的照明度，是店內的 1.5～2 倍。陳列架由上至下，每一層都需要相同的亮度，所以，各層之間應使用日光燈。有些店中則需要使用聚光燈來補足亮度。至於牆壁的展示陳列，可利用托架燈或聚光燈，以增加商品的價值感。壁面展示櫃的照明，多使用細管螢光燈，上方再以聚光燈提供輔助光，通常可達到預期效果。還有一種情況是門店內有柱子，那麼，就應該利用托架燈和吊燈作為光源，如果利用柱子四週的空間進行展示、陳列時，最好造成有一定陰暗反差的照明效果，如果柱子的上下部亮度一致，會造成平庸、單調的效果。

天花板照明也要注意實際運用。如果天花板較低則適於使用下照燈。否則會使之光線暗淡，造成壓抑感；裝飾展示台的綠色草坪，色澤鮮明、動人，如果使用聚光燈照明，則會呈現出一片生機。

⑷招牌照明

店鋪招牌的明亮醒目，一般是透過霓虹燈的裝飾實現的。霓虹燈不但照明招牌，同時，還能製造出熱鬧和歡快的氣氛。霓虹燈的裝飾一定要新穎、別具一格，可設計成各種形狀，採用多種彩色組合。為了使招牌醒目，燈光顏色一般採用單色和刺激性較強的紅、綠、白等為主色，突出簡潔、明快、醒目的特點。有時，燈光的巧妙變化和閃爍或是加以動態結構的字體，能產生動態的感覺，這種照明方式能活躍氣氛，更富有吸引力，可產生較好的心理效果。

⑸外部裝飾燈照明

外部照明很多時候易被店員忽略，事實上，店外照明不僅可以照亮店鋪店前環境，而且能渲染店鋪的氣氛，烘托環境，增加門面的形式美。外部照明主要包括外部裝飾燈、霓虹燈。店外照明包括門前拉起的燈網，樹木燈光裝飾，還有的多色造型燈等。

6 商品陳列的方式

店面陳列是有一定規則可循的，這些規則經過銷售檢驗，被證明了是科學合理，且對銷售有巨大幫助的。

商品展示陳列是透過視覺來打動顧客的，陳列方式的優劣決定顧客對店鋪的第一印象。

一、商品陳列要求

1. 尋找方便

尋找方便就是將商品按品種、用途分類陳列，劃出固定區域，方便顧客尋找，有以下幾個辦法。

①在賣場入口處安置區域分佈圖。通常，大型的零售企業入口處都有本賣場區域的分佈圖，方便顧客找到自己想要的商品。

②在每一個區域掛上該區域的名稱，例如，蔬菜區、日化區等，這樣，顧客就能透過這些指示牌很容易找到自己所要選購的商品位置。

③方便顧客選擇、購買。方便顧客選擇、購買是指要根據商品的特性來決定什麼樣的商品應該放在什麼樣的位置。

不同性質商品陳列位置

1. 日用品、食品等商品

顧客需求量大的日用消耗品、食品、熱門商品等，銷售頻繁，回轉速度快，顧客在選擇時一般能很快做出決定，所以應該儘量大量陳列在顧客最容易接觸的區域。

2. 耐用品

類似家電等耐用品，回轉速度較慢，顧客在選擇上花費的時間更多，在考慮是否購買時不希望週圍有太多干擾因素，所以應該陳列在比較僻靜的位置，給顧客一個安靜的環境慢慢選擇、比較。

3. 貴重商品

像珠寶、首飾等貴重商品，則應該陳列在裝修華麗的位置；又因為顧客在購買的時候選擇、考慮的時間更多，所以也應該放在一個相對獨立、安靜的位置。

2. 顯而易見

顯而易見就是要使顧客很方便看見、看清商品。商品陳列是為了使商品的存在、款式、規格、價錢等在顧客眼裏「顯而易見」。使商品顯而易見需做好以下幾點：

①為了讓顧客注意到商品，陳列商品首先要「正面朝外」。

②不能用一種商品擋住另外一種商品，即便用熱銷商品擋住冷門商品也不行；否則，顧客連商品都無法看見，還何談銷售業績？

③陳列在貨架下層的商品不易被顧客看見，所以，促銷員在陳列商品時，要把貨架下層的商品傾斜陳列，這樣一來方便顧客看到，二來方便顧客拿取。

④貨架高度及商品陳列都不應高於 1.7 米;同時貨架與貨架之間保持適當距離,以增加商品的可視度。

⑤讓商品在顧客眼裏「顯而易見」,首先要選擇一個顧客能一眼看到的位置。

⑥商品陳列中,色彩的和諧搭配能使商品煥發異樣的光彩,使商品更醒目,吸引顧客購買。

⑦商品陳列時要講求層次問題。所謂商品陳列的層次,就是在分類陳列時,不可能把商品的所有品種都陳列出來,這時應把適合本店消費層次和消費特點的主要商品品種陳列在賣場的主要位置,或者將有一定代表性的商品陳列出來,而其他的品種可陳列在賣場位置相對差一些的貨架上。

能夠讓顧客「顯而易見」的陳列位置

1. 賣場進門正對面

通常顧客在進入賣場時會在無意識情況下立即開始掃視賣場內的商品,所以,賣場進門正對面是顧客最容易看見的位置。通常賣場會在進門的地方大量陳列促銷商品。

2. 櫃台後面與視線等高的貨架位置

櫃台後面與視線等高的位置是顧客最容易關注到的位置。通常顧客在選購商品時,眼光第一時間掃視的就是櫃台後面與視線等高的位置。所以,促銷員一定要把利潤高、受顧客歡迎、銷路好的商品陳列在此位置。

3. 與視線等高的貨架

商場通常使用貨架陳列商品,這樣能增加陳列面積。貨架上與人視線等高的位置最容易被顧客看見,所以也成為貨架上的黃金陳列位置。一般在貨架的黃金陳列位置(85～120 釐米之間)陳列銷路好、顧客喜歡購買、利潤高的商品。

4. 貨架兩端的上面

因為顧客在貨架的一頭很容易看見貨架的另外一頭，所以貨架兩端的上面也是容易被顧客看見的位置。

5. 牆壁貨架的轉角處。

牆壁貨架的轉角處因為同時有更多商品進入顧客眼裏，所以也是顧客容易關注的位置。

6. 磅秤、收銀機旁

顧客在排隊等候稱量、交款的時候會有閒暇時間四處張望，所以在磅秤、收銀機旁的商品容易為顧客所關注和發現。

7. 顧客出入集中處

顧客出入集中說明顧客流量大，人多必然被關注的機會多，所以顧客集中的地方商品容易被顧客看到。

3. 拿放方便

商品陳列不僅要使顧客方便「拿」，還要使顧客方便「放」· 促銷員在陳列商品時，要使顧客拿放方便則要做好以下幾點。

①貨架高度不能太高，最好不要超過 170 釐米。如果貨架太高，顧客拿的時候很吃力，還要冒著摔壞商品的危險，最終肯定會選擇放棄。

②通常，商品之間的距離一般為 2～3 釐米為宜；商品與上段貨架隔板距離保持可放入一個手指的距離為最佳，這樣方便顧客拿取和放回。

③貨架層與層之間有足夠的間隔，最好是保持層與層之間能夠有

容得下一隻手輕易進出的空隙。太寬，會令顧客產生商品不夠豐富的錯覺。

④易碎商品的陳列高度不能超過顧客胸部。例如，瓷器、玻璃製品、玻璃瓶裝商品的陳列高度應該以一般人身高的胸部以下為限度。陳列太高的話，顧客擔心摔碎後要他賠償，所以不放心去拿取觀看，這樣就阻礙了商品的銷售。

⑤重量大的商品不能陳列在貨架高處，顧客一來擔心拿不動摔壞商品，二來擔心傷到自己。所以，重量大的商品應該陳列在貨架的較低處。

⑥魚、肉等生、熟食製品要為顧客準備夾子、一次性手套等，以便讓顧客放心挑選滿意的商品，這樣可在更大程度上促進銷售。

4.貨賣堆山

在大型賣場，顧客看到的永遠是滿滿一貨架的商品，打折的特價商品更是在一個獨立的空間堆放如山，因為大量擺放、品種繁多的商品更能吸引顧客的注意。陳列時要想貨賣堆山，促銷員必須做到以下幾點：

①單品大量陳列給顧客視覺上造成商品豐富的形象，能激發顧客購買的慾望。

單品大量陳列在貨架上時，首先要保證有大約 90 釐米的陳列寬度，陳列寬度太大不利於節省陳列空間，陳列寬度太小不利於顧客看到商品。同時，做促銷活動的商品要比正常時候的陳列量大很多，以保證有足夠的商品供顧客選擇和購買。

②商品要做到隨時補貨，也就是顧客拿取之後要及時補上，如果不能及時補上，要把後面的商品往前移動，形成滿架的狀態。

③單品銷完無庫存時，首先要及時彙報上級有關部門，以及時向

供應商要貨。同時，掛上「暫時缺貨」的標牌提醒顧客。

5.吸引力

充分將現有商品集中堆放以凸顯氣勢；正確貼上價格標籤；完成陳列工作後，故意拿掉幾件商品，一來方便顧客取貨，二來造成產品銷售良好的跡象；陳列時將本企業產品與其他品牌的產品明顯地區分開來；配合空間陳列，充分利用廣告宣傳品吸引顧客的注意；可以運用整堆不規則的陳列法，既可以節省陳列時間，也可以產生特價優惠的意味。

6.先進先出

貨品在進行先進先出原則陳列時，應按照以下兩點操作。

①補貨時把先進的、陳列在裏面的商品擺放到外面來，並注意商品是否蒙上了灰塵，如果有，要立即擦拭掉。

②注意商品的保質期，如果臨近保質期仍然沒有銷售出去的，要上報給上級部門，及時做出處理方案。

7.新鮮感

陳列首先要符合季節的變化，不同的季節性促銷活動使賣場富於變化，作為導購式店員要不斷創新出新穎的賣場佈置。

為達到這個目的，賣場陳列要注意以下三點：設置與商品相關的宣傳海報，相關商品集中陳列；透過照明和背景音樂渲染購物氣氛；演示商品的實際使用方法來促進銷售。

8.左右相關

左右相關也叫關聯陳列，就是把同類產品陳列在一起，但又不僅僅是如此簡單。一般賣場會把整個賣場分成幾個大的區域，相關商品會集中在同一區域進行銷售以方便顧客尋找和選擇，具體操作時有些細節值得注意。

①按照消費者的思考習慣來陳列。例如，嬰兒用的紙尿布，是和嬰兒用品陳列在一起還是和衛生紙、衛生巾陳列在一起？在賣場的分類裏，它可以歸到和衛生紙一類的衛生用品裏，但是在顧客的眼裏，它應該屬於嬰兒專用的商品，應該出現在嬰兒專櫃。

②顧客對食物的要求是衛生第一，所以一些化學商品和一些令人聯想到髒汙的商品要與食物遠離。有時為了配合節日會設立一個主題區，例如情人節，會把巧克力、玫瑰陳列在一起，這樣顧客在購買其中一種商品時會看到另外的相關的商品，由此引發新的購買衝動，促進銷售。

9. 清潔保值

①清潔是顧客對零售企業環境最基本的要求。對於促銷員來說，保持商品、櫃台、貨架、地面、綠色植物、飾物的清潔是一項基本工作。

②在有些特殊時期，要特別做好清潔工作，例如「流感」時期，做好消毒和清潔工作，使顧客有一個健康和安心的購物環境。

二、商品陳列技巧

1. 日配品的陳列

零售企業賣場裏的日配品主要指麵包、蔬菜、乳製品、豆製品、果汁飲料、冷飲等。

①堅持每天配送及商品陳列的先進先出原則，以確保其新鮮。

②日配品的陳列主要是冷藏櫃陳列和集中陳列。例如，豆腐，每天週轉快，顧客購買率高，可以運用集中陳列法。

2.水產品的陳列

零售企業賣場中的水產品可分為新鮮的水產品、冷凍的水產品以及鹽乾類水產品。新鮮的水產品又可以分為活的水產品和非活的水產品，不同類型的水產品其陳列方式各不相同。

①活魚、活蝦、活蟹等水產品要以五色的玻璃水箱進行陳列，以滿足顧客要求新鮮的需要。

②新鮮的非活的水產品的陳列一般用白色託盤或平面冷櫃在其上鋪一層碎冰進行陳列，以確保其品質和新鮮度。擺放時整魚魚頭朝裏，魚肚向下，碎冰覆蓋的部份不應超過魚身長的 1/2，不求整齊，但要有序，給人一種魚在微動的感受，以突出魚的新鮮感。

一些形體較大的魚無法以整魚的形式來陳列，則可分段、塊、片來陳列，以符合消費者一餐的消費量。對這種魚，應該用白色深底託盤來陳列，盤底輔上 3～5 釐米厚度的碎冰，冰上擺魚。頂層魚段少而底層魚段多，要有一定的層次感，以體現其品質的優良。

③冷凍水產品一般被陳列在冰櫃中。產品的外包裝應該留有視窗，或者用透明的塑膠紙包裝，顧客能夠透過包裝清楚地看到產品實體。

④鹽乾類水產品諸如鹽乾貝類、殼類等。這類水產品被用食鹽醃制過，短期不會變質。使用平台陳列，突出新鮮感。

陳列時可以使用系列商品或關聯商品陳列方法，供應調味作料，提供烹飪食譜，必要時還可以提供烹飪好的食物照片，使由於地域的差異，許多不習慣食用貝殼類水產品的顧客也想購買。

3.肉品類的陳列

①肉品類能否銷售出去的關鍵就是它的新鮮狀況，因此，在設計肉品類陳列時，保持其新鮮狀況是其首要原則。

②肉類陳列可以按精肉、上肉、三層肉、無骨豬排、肋骨等分類陳列，也可以按家禽肉、牛肉、羊肉、豬肉、加工肉食品等分類陳列。

③冷藏的肉品必須放在-2℃～2℃的冷藏櫃裏。

④各種加工肉食品包括：香腸、肉丸、臘肉等可懸掛陳列，溫度以1℃～8℃為宜。

4.果菜的陳列

果菜陳列首要原則一是新鮮，二是乾淨，除了按照類別分存外，還要注重色彩的搭配，綠的要翠綠，紅的要鮮紅，新鮮蔬果陳列地點應保持溫度在5℃～10℃左右．冷藏蔬果應陳列在冷藏櫃內，冷藏櫃溫度保持在-2℃～3℃，以顯示貨色新鮮、乾淨。

7 不要讓櫥窗陳列成為配角

做好店鋪櫥窗陳列，可以打開銷售的門。櫥窗也是店面的臉面，是視覺傳遞的前沿形象。設計時要竭力突出其個性，在方式或形象地方清晰明確、鮮明獨特，使人們一目了然、記憶猶新，並逐步讓人產生認同感。

店鋪櫥窗是展示品牌形象的視窗，是傳遞新貨上市、詮釋推廣主題的重要管道。在服裝市場競爭越來越激烈的今天，櫥窗設計已作為產品促銷一個非常有力的」武器」，開始在終端扮演越來越重要的角色。有人說「讓顧客的眼睛在店面櫥窗多停留5秒鐘，就獲得了比競爭品牌多一倍的成交機會」。

一個櫥窗應該把它分為三個部份來佈置。一個部份是道具，一個部份是樣品，一個部份是燈光效果。道具一般由模特、專用道具、背景物、裝飾物、地台等部份組成；樣品一般擺放突出品牌形象的貨品；燈光由定向射燈、背景燈、照明燈等組成。店員在所有這些物件的選擇上一定儘量選擇一些造型獨特、色彩明亮的物品，以達到更好的展示效果。

櫥窗的最大作用是吸引進店率，它本身對服裝的銷售和推介作用並不大。所以對於櫥窗模特著裝的選擇，要視當時的目的而定。例如在每個季新品上市的時候，櫥窗模特所選擇的款式首先要讓人一看就知道是下一季貨品，這除了在衣服的厚薄、款式、色彩等方面要與上一季有所區別以外，還要體現出一種新穎的感覺。例如旺銷的時候，可以選擇一些形象款。例如促銷的時候，可以用促銷款，並直接標明促銷力度。總之，櫥窗模特的穿著是要讓經過店鋪的顧客瞭解到目前店鋪的動態、流行等，從而提升進店率。

一個成功的櫥窗陳設對提高店鋪銷售有立竿見影的作用。而櫥窗陳設的方法很多，但除了要具備「藝術」感之外，更重要的是如何在短時間內抓住消費者的目光，讓其進一步產生購買慾望。

(1)用主題陳列來展示品牌文化

櫥窗陳列不是簡單地擺上幾件樣品，在選好樣品的同時要考慮門店的行銷主題，透過組合配套設計來傳遞品牌文化，讓品牌形象深入人心，最終達到銷售目的。

組合配套陳列是服裝整體形象的再設計，不僅可以使自己的產品獨樹一幟，也可以避免雷同和抄襲模仿的嫌疑。由於整體形象非常容易吸引人，消費者往往因為配套的完美而全套購買，即使這些配件比其他專賣店價格要貴，也在所不惜，從而增加了商店銷售額。此外，在給櫥窗做主題陳列之前要仔細觀察整個服裝商業街，前、後、左、右競爭品牌進行對比，然後歸納、提煉，抓住重點，再開始動手。

⑵選用最精華的產品裝點櫥窗

櫥窗所要展示的必定是品牌的精華產品，必須要給顧客帶來最具爆發力的視覺衝擊。因此如何選擇展示樣品尤為重要。樣品是櫥窗陳列的主題，是最有效的宣傳實體，樣品選擇的成敗關係到商店和品牌形象，決定著產品的命運。

在選擇櫥窗樣品時，一方面要選擇所有貨品中最經典的主打款式；另一方面要選擇超前的、新開發出來並沒有全面投產的新樣品，或者是限量版的、或者是概念化的，以此來彰顯品牌形象，吸引消費者視線。還有一點需要注意：櫥窗陳列，要內外呼應，所展示的服裝必須齊色齊碼。切勿將斷色斷碼的服裝放在櫥窗裏展示，以免對消費者造成誤導，影響其他貨品的銷售，造成資源浪費。

⑶背景運用要注意定位

櫥窗背景的選用，是確定氣氛類型的指示燈。櫥窗背景在陳列中約佔有 40%的面積，一方面因其所佔面積大，能快速吸引消費者的目光，另一方面也能確定櫥窗陳列氣氛的大背景。背景分為開放式、封閉式和半封閉式。通常櫥窗陳列多採用半封閉式背景，不僅使佈局通透靈活，而且與店面內部的陳列有更好的呼應；封閉式背景多為大牌服裝店的櫥窗陳列所使用，其營造的低沉與穩重氣氛正好符合大牌企業的品牌文化與定位。

8 商品配置表的設計

零售賣場的商品陳列，主要內容是先製作商品配置表，商品配置表就是把商品的排面在貨架上做一個最有效的分配，並以書面表格規劃出來。商品配置表不僅是商品陳列的重要工具，同時也是零售企業管理商品的基本手段。商品配置表的製作一般在賣場開業之前就要設計好。

一、商品配置表的作用

1. 有效控制商品品種

零售賣場的面積有限，所能陳列的品種數目受到一定的限制，欲有效控制商品的品種數，發揮賣場效率，就要使用商品配置表，以獲得有效的控制。

2. 有利於商品定位管理

商品定位是零售企業賣場管理非常重要的工作。商品配置表則是商品定位的管理工具。有了商品配置表，才能做好商品定位，如不事先妥善設計好商品配置表就冒然進行商品陳列的工作，便無法持續一致，也不可能把商品定位管理做好。

3. 適當管理商品排面

不能有效地管理商品的排面數，是現階段零售企業賣場一個很大的管理缺陷。一般而言，賣場陳列的品種數往往多達萬種以上，而所陳列的商品中，有些商品非常暢銷，一天能賣出數十個，甚至數百個，但有些商品則可能一天只賣出幾個，甚至連一個也沒賣出。因此在陳列商品、安排商品的排面時，就需根據商品銷售數量的多寡，給予適當的排面數。亦即暢銷的商品給予的排面數多、佔的陳列空間大，而不暢銷的商品給予較少的排面數、所佔的陳列空間也小，甚至只給單一的排面數。這對提高賣場的效率有相當大的助益。

4. 可以防止滯銷品驅逐暢銷品

當缺少商品配置表規劃管理而任意陳列商品時，因暢銷品的銷售速度較快，若沒有良好的管理，商品賣完了未能及時補充，就易導致較不暢銷的商品佔據暢銷品的排面，形成滯銷商品驅逐暢銷商品的情況。等到顧客問起「有某某商品嗎？」時可能已錯失不少的商機，減損了商店的競爭力。

在沒有商品配置表管理的賣場，這種情況時常會發生，有商品配置表管理的賣場，就可以避免這種情形。

5. 可以把利潤控制在一定水準

在零售企業賣場所經營的各種商品的品項中，有高利潤商品，也有利潤低的商品。企業總是希望把利潤高的商品配置在好的陳列位置，多銷售一點，提高整體利潤；把利潤低的商品配置在差一點的位置，以控制銷售結構。這就要通過商品配置表來給予各種商品妥當的配置，以求得整店有一個高利潤的表現。

二、商品配置表的製作要領

1. 每一個中分類的陳列面積數要先決定

在規劃整個部門的商品配置時，每一個中分類所佔的面積數先要決定下來，以易於進行商品的配置。例如碳酸飲料要配置 1 米長、1.65 米高的貨架 3 座，這樣決定下來，才能知道要配置多少品項、什麼品項。

2. 貨架的規格儘量標準化

商品陳列使用的貨架應儘量標準化，例如把標準尺寸定為 90 釐米長、165 釐米高，那麼所有分店每一分類的規劃只要 2～3 種商品配置表就可以全部羅列管理，不會出現一個店一種商品配置的情形。

3. 商品卡的建立很重要

每一種商品都要建立基本資料，如商品本身的尺寸、規格、重量、進價、賣價、成分、供貨量、照片等，在規劃時常會用到。

4. 在規劃商品配置時，實驗架的設置是必須的

在配置商品時，利用一座實驗架，把商品的排面在貨架上試驗陳列，看看顏色、高低及容器形狀是否很調和、有魅力，否則可再調整至最理想的狀況。

5. 變形規格商品的處理

某些廠商因促銷的目的，將商品附上贈品並包裝在一起，從而產生尺寸的變化，此種商品在正常的貨架中應儘量避免。對於變形的尺寸規格，若為暢銷品，則可用大陳列或端架陳列的方式銷售；若不是很暢銷，則不必在大陳列或端架中陳列，將原來的陳列面縮小即可，例如原來為 2 個陳列面，現可縮小為 1 個陳列面。

6.同類商品儘量使用垂直陳列，避免橫式陳列

橫式陳列會使顧客購買不方便，陳列系統也較亂，故應儘量避免橫式配置。

7.特殊商品採用特殊的陳列工具

前面我們提到貨架的標準化，但某些非常特殊的商品只有使用特殊的陳列工具，才能把這些商品的魅力顯現出來，以增強賣場的活性化及商品的展示效果。

8.單品種的陳列量與訂貨單位要一併考慮在內

規劃配置表時要注意到陳列量與訂貨單位的問題，陳列量最好是 1.5 倍訂貨單位，或其整數倍。例如：某商品的一個訂貨單位為 12 個，則陳列量設定在 18 個最為恰當，等庫存剩 6 個時，再訂一個訂貨單位，在陳列時很方便，不必放到後場庫存。

9.商品與棚板間要留有適當空隙

避免商品與棚板緊貼，否則顧客在拿取商品時會不方便，規劃時商品與棚板間應留有 3～5 釐米的空隙。

10.修正商品配置時應隨時參閱 POS 資料

若不能充分掌握 POS 的銷售資料，則會對商品配置的修改或設立的準確性產生很大的影響。

三、新賣場商品配置表的製作

賣場商品的配置表，製作流程如下：

1.顧客調查

在決定是否設立新賣場時，需進行商圈調查。如果商圈調查完成、決定設立商店，緊接著就是顧客調查。顧客調查的內容包括：商

圈內顧客的收入、職業、家庭結構、購物習慣以及希望新店能提供何種商品及服務。根據這些調查所得到的資料，調查人員應做更深入的分析，瞭解商圈內顧客對商品的潛在需求，並瞭解競爭態勢，以構思要賣些什麼商品。

2. 分設部門

瞭解到商圈內顧客對商品的需求，商品部門要提案列出新店應經營那幾大類(部門)的商品。例如說：要不要設立玩具部門，或餐飲部門、鮮花部門。把適合商圈內出售的商品大類做幾種形態的組合，提供給上級來裁決。

3. 商品大類的配置

決策單位裁定要經營何種大類後，調查人員應會同營業部、開發部共同討論決定商品大類的配置。每一個大類所佔的面積大小，都要有一個最妥善的安排及配置。

4. 中分類配置

大類配置完成後，根據大類配置圖，採購人員要動腦筋將大類中的每一中分類安排到中分類配置表裏，並由採購(商品)經理確認及決定。

5. 品種資料收集

到這一步才真正進入製作商品配置表的實際工作。採購人員要詳細地收集每一中分類內可能出售的品種的資料，包括商品的價格、規格、尺寸、成分、包裝材料等。這些資料應盡可能收集齊全，最好能一類一類地建立在電腦檔案內，便於比較分析及隨時調閱。

6. 品種挑選及決定

品種資料收集齊全後，將所有中分類裏的商品價格、包裝規格及設計依商品的品質及用途分別做一個詳細的比較，將最符合商圈顧客需要及能襯托出公司優勢的商品依優先順序挑選出來，依次排列，篩選出需要的品種，並列印出商品台賬。

7.商品構成的決定

商品品種挑選一經決定後，應把商品的陳列面依暢銷度做一個適當的安排，並把這些商品與附近競爭店的商品結構進行比較，看是否商品品種數、陳列面、優勢商品、價格比主要競爭對手更具優勢，否則就應再調整到最佳的情況。

8.品種配置規劃

這一步驟是把已決定的品種及排面數實際地配置到貨架上，這也是最耗時的一個步驟。什麼商品要配置到上段或黃金段，什麼商品要配置到中段或下段，都要應用到陳列的原則、經營理念以及與供應商的合作關係，同時也需要考慮到競爭對手的情況、自身的採購能力與配送調度的能力，這樣才能把配置的工作做好。例如有的零售企業本身設有配送中心，其採購條件優越，商品的調度能力也強，在配置時就應優先考慮配置這些商品；有些商店發展自己的品牌及自行進口商品，在配置時這些商品都會被優先安排到好的位置。

商品配置是活的，好與壞全看能否靈活運用。

9.執行的實際工作

商品配置完成，也就完成了一套商品配置表。根據這張表來訂貨、陳列，然後把價格卡貼好，就大功告成了，但最好能把實際陳列的結果拍攝下來，以作為修改辯認的依據。

第二章

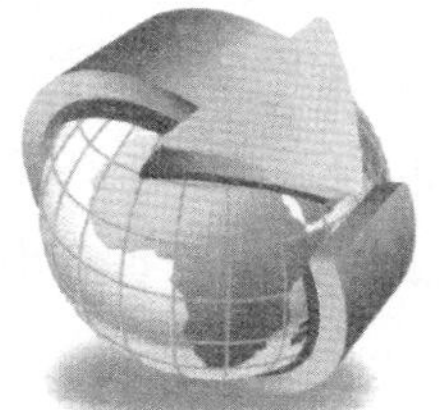

賣場的組織運作與職責

1 賣場的職位設計

1. 工作分析

工作分析(或者叫職務分析、崗位分析等)是現代人力資源管理所有職能工作的基礎和前提。只有做好了工作分析與設計工作，才能據此有效地完成以下具體的現代人力資源管理工作：

(1)制定企業人力資源規劃；

(2)核定人力資源成本，並提出相關的管理決策；

(3)讓企業及員工明確各自的工作職責和工作範圍；

(4)組織招聘、選拔、使用所需要的人員；

(5)制定合理的員工培訓、發展規劃；

(6)制定考核標準及方案，科學開展績效考核工作；

(7)設計出公平合理的薪酬福利及獎勵制度方案；

⑻為員工提供科學的職業生涯發展諮詢；

⑼設計、制定高效運行的企業組織結構；

⑽提供開展人力資源管理自我診斷的科學依據。

職務描述書是工作分析的結果，作為企業人力資源管理中一項重要的基礎工作，它同各項人力資源管理工作有著不可分割的聯繫。

2. 職位的設計操作步驟

⑴職務描述書

職務描述常與職務規範編寫在一起，統稱職務說明書。職務說明書的編寫是在職務資訊的收集、比較、分類的基礎上進行的，是職務分析的最後一個環節。

職務描述書是對職務性質類型、工作環境、資格能力、責任許可權及工作標準的綜合描述，用以表達職務在單位內部的地位及對工作人員的要求。它體現了以「事」為中心的職務管理，是考核、培訓、錄用及指導職務工作人員的基本文件，也是職務評價的重要依據。事實上，表達準確的職務規範一旦編寫出來，該職務的層級水平層次就客觀地固定下來了，職務評價則是對這種客觀存在的準確認識。

⑵工作崗位設置

工作崗位的設置科學與否，將直接影響一個企業的人力資源管理的效率。在一個組織中，設置什麼崗位、多少崗位，每個崗位上安排多少人、什麼素質的人，將直接依賴工作分析的結果。

⑶通過崗位評價確定崗位等級

通過工作分析，提煉評價工作崗位的要素指標，形成崗位評價的工具；通過崗位評價確定工作崗位的價值等級。根據工作崗位的價值，便可以明確求職者的任職實力。根據崗位的價值和員工的任職實力的匹配，我們就可以在人力資源管理實踐中，根據崗位價值或任職實力發放薪酬、確定培訓需求等。

⑷工作再設計

利用工作分析提供的資訊，對一個新建組織而言，要設計工作流程、工作方法、工作所需的工具及原材料、零件、工作環境條件等。而對一個已經在運行的組織而言，則可以根據組織發展需要，重新設計組織結構，重新界定工作，改進工作方法，改善設備，提高員工的參與程度，從而提高員工的積極性和責任感、滿意度。前者是工作設計，後者則是工作再設計。工作再設計不僅要根據組織需要，並且要兼顧個人需要，重新認識並規定某項工作的任務、責任、權力與其他工作的關係，並認定工作規範。

⑸定員定編

根據工作分析，確定工作任務、人員要求、工作規範等，這只是工作分析第一層次的目標。隨後的任務是，如何根據工作任務、人員素質、技術水平、勞力市場狀況等，有效地將人員配置到相關的工作崗位上。在這裏有一個定編定員的問題。定編定員主要是為以下工作提供依據：

· 編制企業人力資源計劃和調配人力資源；
· 充分挖掘人力資源潛力，節約使用人力資源；
· 不斷改善勞動組織提高勞動生產率。

為此，定編定員必須做到：

· 以實現企業的生產經營目標和提高員工的工作士氣、職業滿意度為中心；
· 以精簡、高效、協調為目標；
· 同新的勞動分工和協作關係相適應；
· 合理安排各類人員的比例關係。

2 賣場的組織構成

一般來說，以百貨商店的賣場為例，零售業賣場的組織結構包括管理部門和營運部門，如圖 2-2-1 所示。

圖 2-2-1　賣場組織架構圖

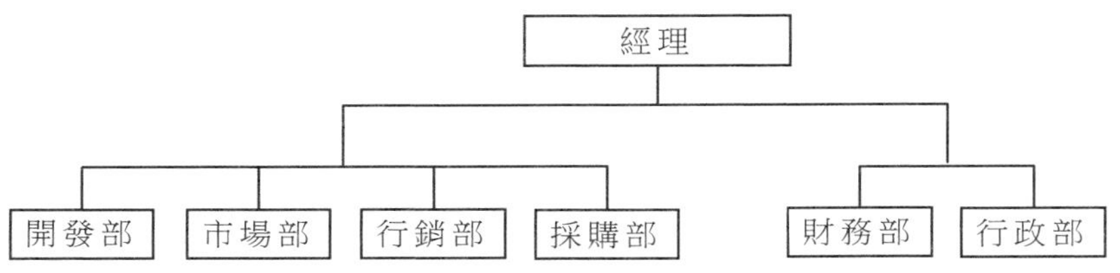

(1)開發部

開發部的主要職能包括以下幾個方面：

①負責商圈調查。

②賣場設施、設備標準、作業流程安排控制。

③設施設備的維修保養。

(2)市場部

市場部的主要職能包括以下幾個方面；

①負責賣場營業目標的擬定及督促執行。

②對賣場經營進行監督和指導。

③編制營業手冊並監督、檢查其執行情況。

④賣場服務人員調配及工作分派。

⑤跟蹤賣場經營情況及合理化建議的回饋與處理。

⑶行銷部

行銷部的主要職能包括以下幾個方面：

①賣場商品配置、陳列設計及改進。

②促銷策略的制定與執行。

③企業廣告、競爭狀況調查分析。

④企業形象的策劃及推出。

⑤公共關係的建立與維護。

⑥新市場開拓方案及計劃的擬訂。

⑷採購部

採購部的主要職能包括以下幾個方面：

①負責商品組合策略的擬訂及執行。

②商品價格策略的擬訂及執行。

③商品貨源的把握、新產品開發與滯銷商品淘汰。

④配送中心的經營與管理。

⑸財務部

財務部的主要職能包括以下幾個方面：

①融資、用資、資金調度。

②編制各種財務會計報表。

③審核憑證、賬務處理及分析。

④每日營業核算。

⑤發票管理。

⑥稅金申報、繳納，年度預決算。

⑦會計電算化及網路管理。

⑹行政部

行政部的主要職能包括以下幾個方面：

①零售企業組織制度的確定，人事制度的制定及執行。

②員工福利制度的制定與執行。

③人力資源規劃，人員招聘、培訓。

④獎懲辦法的擬定及執行。

⑤企業合約管理及權益的維護。

⑥其他有關業務的組織與安排。

3 賣場作業人員的數量配置

零售賣場作業人員的配置，取決於顧客流量，以及零售賣場計劃為顧客提供的服務水準。零售賣場的規模越大，每天、每週和不同季節的買賣起伏越大，需要配備的人員也越多。

一、賣場作業人員的計算

零售賣場作業人員的計算可以根據賣場勞動量或銷售量情況確定從業員工數量，其標準定為人均每月完成 4 萬元銷售額。另外也可按賣場面積確定員工的。如法國，120～400 平方米的小型賣場，每 100 平方米配備一個店員，400～2500 平方米的中型賣場，每 36 平方米配備一個店員，2500 平方米以上的大型賣場，每 28 平方米配備一個店員。

也可根據零售賣場作業指標來計算所需人數。

作業人員總數＝總目標銷售額÷每人銷售額(1+薪資增長率)

作業人員總數＝總目標銷售額÷每人目標銷售總利潤

此外，也可從各部門各職務分析工作量來推算，具體步驟如下：

⑴確定各業務部門內必要的工作。

⑵將這些工作分配給業務部門內部的各職員。

⑶據分工結果來設定職務，並明確各職務的工作內容。

⑷通過工作量的測定、寬裕時間的推算來設定職員的數量定額。

二、賣場作業人員的選擇

確定了零售賣場作業人員的數量後，零售企業就必須選擇其作業人員。要恰當地選擇作業人員，零售企業必須確定選擇標準。對作業人員所期望的是什麼？零售企業尋求的是流動性不大、缺勤少、業務能力強的勞動力嗎？除非零售企業經營者懂得對作業人員的要求，否則，肯定會得不到具有相當水準的作業人員。

一旦確定了選擇標準，就可以鑑別應聘人員的素質。在選擇零售企業的作業人員中，最流行的鑑別方法是考慮應聘人員的性別、年齡、個性、知識、智力、文化程度和經歷，從中挑選適合的人員。

⑴性別、年齡標準。在鑑別、挑選作業人員的工作中，對申請人的性別、年齡的考慮是相當重要的。而不同的作業，對作業人員的性別、年齡的要求是不相同的。例如，若商店的主要供應對象為一二十歲的青少年，因此，選用 30 歲以下的業務人員多半是有好處的。摩托車商店多半是不能要 60 歲以上婦女來銷售的。對上述這些要求，

所有零售店都是無例外的，零售企業可以根據本身的業務經營需要，從謀求業務人員職位的申請人中予以篩選。

⑵個性標準。一個人的個性也在一定程度上反映了他的潛在能力。零售企業多半願意它的作業人員待人友好、自信、穩健和富有神采。這些個人的品質，可以通過零售企業經營者與申請人的個別交談，或有關個人的個性的記載材料來瞭解。

⑶知識、才智與文化程度標準。隨著零售企業經營非食品類商品種類的增加，銷售的許多產品在技術上是比較複雜的，例如微型電腦、電視機、微波烘箱、35 毫米照相機、DVD 機，等等。懂得這些商品知識的作業人員，對這些商品的銷售是很有幫助的。同樣，零售企業的作業人員要對顧客的有關詢問做出滿意的解答，這也需要具有一定的文化知識和才智。

⑷經歷標準。考察作業人員的業務能力的最可靠的依據之一，是他以前的工作經歷，特別是從事銷售工作的經歷。如果申請人在以前的工作中幹得比較好，那麼，今後一般也能幹好。當然，這不是絕對的。還有，許多謀求業務人員工作的申請人為年輕人，他們在此之前是沒有從業經歷的。對這些申請人，可以根據他們個人的特點，以及其顯露出來的雄心、幹勁和職業道德，來作出估價。

三、賣場作業人員配置的問題

零售賣場在配置賣場作業人員的主要問題是要解決好以下比例關係：

⑴作業人員和非作業人員的比例關係。員工是在賣場直接從事與銷售有關的業務活動的人員，一般視為作業人員，其他各類人員即為

非作業人員。非作業人員是保證賣場經營正常進行所不可缺少的，但因為他們不從事銷售，所以這類人員配備過多，就會使機構臃腫，人浮於事，既不利於降低經營成本和提高生產率，也不利於加強經營管理；而配備過少，又將影響賣場經營的正常進行。因此，這兩種人員必須保持合理比例。

⑵基本人員與輔助人員的比例關係。這兩方面的人員都是從事售賣的，都屬於直接作業人員，但他們在售賣中所起的作用卻不相同。如果基本人員配備過多，輔助人員配備過少，就會使基本人員負擔過多的輔助工作，影響基本人員專業技術的發揮；反之，輔助人員配備多了，也會影響人員勞動生產率的提高。他們之間的比例關係，應當根據零售企業銷售的產品及其規模擬定。

⑶男員工和女員工的比例關係。由於各零售企業賣場經營商品情況不同，男女人員比例也是不同的。但一般來講，女員工應多於男員工。

⑷年齡結構比例關係。一般而言，年齡是表示能力的尺度，年齡增加意味著經驗和知識的增加，意味著由此而產生的能力的增加；但在另一方面也意味著人員吸收新知識彈性降低，體力降低。年齡對作業效率的影響也很大。一般而言，30 歲左右的人員，在正常思想狀況下，作業效率最高。

零售企業賣場人員理想的年齡分配應為正三角形。頂端代表退休年齡的人數，底端代表就業年齡的人數，而人員平均年齡 20～30 歲之間為宜。

四、賣場管理人員的配置

零售賣場管理人員是賣場經營與管理的重要力量。一定數量和質量的管理人員，對於賣場的運作起著十分重要的作用。零售賣場管理人員的配置必須與企業規模、業態及作業人員的多寡相一致。一般來講，零售賣場管理人員佔整個賣場人員的15%左右為合理。

1. 管理人員的素質要求

零售賣場管理人員的配置還與管理人員的素質能力息息相關，優秀的管理人員往往能一個頂三個，主宰著賣場的興衰成敗。以下為零售賣場管理人員配置中必須注意的素質要求。

⑴創造性思考問題的能力。管理人員必順能進行創造性思維活動，敢於創新、能辨識事物的發展規律，做到舉一反三。創新是事業發展的不竭動力，每一種經營形式的創新都會帶來事業的飛速發展。

⑵解決問題的能力。解決問題首先要發現問題，作為一個管理者，要善於發現問題，特別是零售賣場管理作為一個整體，對作業流程、各個環節都要絲絲入扣，只要一個環節出問題就會影響整體，所以管理人員要將各種問題消除於萌芽狀態，同時對出現的問題有及時、妥善地解決的能力，並且要從中找出根源，加以改進。

⑶表達協調能力和談判能力。管理人員必須能篩選、整理各種紛繁的資訊，能在文字和口頭上清晰地表達自己的觀點，簡潔地解釋複雜問題，能以理服人。零售賣場管理牽涉的面比較廣，難免產生各種利益衝突，作為管理人員，必須進行協調，這就需要具備較強的協調溝通能力。談判時能與對方進行建議性對話，引導對方和己方一起共同解決問題。

⑷團隊精神。管理人員要能以成員和領導的身份與不同的群眾一起有效地、創造性地開展工作。特別是零售賣場管理必須與總部各職能部門作有效地交流和溝通，形成良好的工作關係。同時，團隊精神體現在善於觀察和聽取下級意見，能對他人不同的背景和看問題的不同角度表示理解，善於知人，並獲得他人的支援、合作和尊重。

2. 管理人員的職位編制

小型零售企業賣場的管理人員一般配置一個店長/經理及 1～2 名副店長/副經理即可。中型零售企業賣場的管理人員配置則會增加許多職能部門的經理或主管，如前台部主管、收銀部主管等。大型零售企業的賣場管理人員配置相當複雜。它不僅涉及到崗位設置是否合理，而且也對企業管理成本控制起著很重要的作用。

以大型貨倉商場賣場的崗位定編來說明賣場管理人員及崗位定編。賣場管理人員及崗位定編應視店面規模大小而定，一般崗位定編的設置如表 2-3-1。

表 2-3-1　賣場管理人員及崗位定編

部門	前台部		食品部		收貨部	
定編	141～171 人		68～89 人		57～66 人	
崗位定編的設置及人數	副總經理(或經理)	1	總經理(經理)	1	副總經理(或經理)	1
	部門經理(或副經理)	4	經理(或副經理)	4	經理(或副經理)	3
	主管	12～16	主管	7～8	主管	4～5
	收銀員	80～90	鮮肉	6～8	文員	2
	推車員	2～4	海鮮	5～7	收貨	5～6
	迎賓員	4～6	熟食	6～8	倉台	26～30
	收銀辦(現金辦)	13～15	燒烤	10～14	維修	2
	會員服務台	4～7	冷凍/乳製品	3～5	清潔	6～8
	存包	4	乾貨、農產品	18～22	索賠	2
	會員接待	8～12	展示	8～12	庫存/控制	4～5
	市場推廣員	8～12			傳真/配銷	2

非食品部		防損部	
56～66 人		25～29 人	
副總經理(或經理)	1	經理	1
經理(或副經理)	4	主管	4
主管	6	文員	1
電器/電子	13～16	便衣員工	4～6
珠寶/化妝	13～15	制服員工	15～17
辦公用品/設備	8～10		
五金、機械	6～8		
書籍/煙酒	5～6		

4 店長/經理的權責

賣場有店長/經理、副店長/助理、收銀員、營業員、理貨員、採購員等，他們的權責劃分如下：

店長的權責是依照零售企業總部制定的店長手冊來完成對商店的管理。其工作職責及作業流程如下：

⑴負責商場經營管理。

⑵對總部下達的各項經營指標的完成情況負責。

⑶監督商場的商品進貨驗收、倉庫管理、商品陳列、商品品質管制等有關作業。

⑷執行總部下達的商品價格變動。

⑸執行部門下達的供銷計劃與促銷活動。

⑹掌握商品銷售動態，及時向總部提供建議。

⑺監督與改善商場各部門個別商品損耗管理。

⑻監督和審核商場的會計、收銀等作業。

⑼維護商場的清潔衛生與安全。

⑽商場員工考勤、儀容、儀表和服務規範執行情況的監督與管理。

⑾員工人事考核、提升、降級和調動的建議。

⑿顧客抱怨與意見處理。

店長(經理)的作業流程是指店長的作業時間的工作。零售企業賣場的營業時間一般為早上 8 點至晚上 10 點，因此規定店長的作業時間為早晚出勤，即上班時間為早上 8 點至下午 6 點半，這作業時間的安排供店長掌握中午及下午兩個營業高峰，有利於店長掌握每月的營業狀況；二是規定店長在每日的工作時間中每個時段上的工作內容。

表 2-4-1 是日本的零售業對店長作業流程的時段控制和工作內容確定，它所反映的店長時段作業流程內容，在管理上的要求是很多、很嚴的，是崗位職責工作上的細化。

表 2-4-1　店長的作業流程

時　間	作業項目	作業重點
8：00—9：00	1. 晨會	佈置主要事項
	2. 員工出勤狀況確認	出勤、休假、病事假、人員分班、儀容、儀表及工作掛牌檢查
	3. 賣場、商場狀況確認	①商品陳列、補貨、促銷及清潔衛生狀況檢查 ②商場倉庫檢查（包括送貨驗收等）收銀員、找零金、備品及收銀台和服務台的檢查
8：00—9：00	4. 昨日營業狀況確認	①營業額 ②來客數 ③每客購物平均額 ④每客購物平均品種數 ⑤售出品種的商品平均單價 ⑥未完成銷售預算的商品部門
9：00—10：00	1. 開門營業狀況檢查	①各部門人員、商品、促銷等就緒 ②店門開啟、地面清潔、燈光照明、購物車（籃）等就緒
	2. 各部門作業計劃定點確認	①促銷計劃 ②商品計劃 ③出勤計劃 ④其他
10：00—11：00	1. 營業問題追蹤	①營業額未達到銷售預算的原因分析與改善 ②電腦報表時段商品銷售狀況分析，並指示有關商品部門限期改善

續表

10：00—11：00	2. 賣場商品態勢追蹤	①缺品、產品確認追蹤 ②完善商品、季節商品、商品展示與陳列確認 ③時段營業確認
11：00—12：30	1. 商場庫存狀況確認	倉庫、冷庫、庫存品種、數量及管理狀況瞭解及指示
	2. 營業高峰狀況掌握	①各部商品表現及促銷活動效果 ②商場人員調度支援收銀 ③服務台加強促銷活動廣播
12：30—13：30	午餐	交待指定人員代為負責賣場管理工作
13：30—15：30	1. 競爭店調查	同地段競爭對手與其店營業狀況比較(來客數、收銀台開機數、促銷狀況、重點商品等)
	2. 部門會議	①各部門協調事項 ②為何達到今日之營業目標
	3. 教育訓練	①新進人員在職訓練 ②定期在職訓練 ③配合節慶之訓練(如禮品包裝等)
	4. 文書作業及各種計劃報告撰寫與準備	①人員變化、請假、訓練、顧客意見等 ②月、週計劃、營業會議、競爭對策等
15：30—16：30	1. 時段別、部門別營業額確認	各部門人員、商品、促進銷等情況
	2. 商品態勢巡視、檢核與指標	賣場、商品人員、商品清潔衛生、促銷等環境準備及改善指示
16：30—18：30	營業問題追蹤	①後勤人員調度，支援賣場收銀或促銷活動 ②收銀台開台數，找零金確保正常 ③商品齊全及量化 ④服務台配合促銷廣播 ⑤人員交接班迅速且不影響對顧客的服務
18：30—20：00	指示代理負責人接班注意事項	交代晚間營業注意事項及有關事宜

助理一職，即為協助店長(經理)做好整個商店的全面管理工作。副店長的主要職責是協助店長(經理)實現對本部門人員(營業員、收銀員、理貨員、保安員、清潔員)團體激勵、例會、設備(貨架清潔)與商品的管理(對競爭者價格的市場調查、管理商品排面、確保無過多庫存和無缺貨等)，同時，在現場維護本部門的正常運作，滿足顧客需求以及協助店長(經理)與供貨廠商議價。

5 賣場營業員的權責

1. 開店前

①準時上班到崗。

②檢查賣場貨架及促銷台的商品是否滿貨架。

③檢查貨量不足的商品，準備訂貨或催貨。

④拉排面(當商品缺貨時，不得以其他商品擴充排面)。

⑤對於生鮮、冷凍食品及雜貨等，需檢查其新鮮度、品質及保質期，依清潔計劃表落實執行清潔工作。

2. 開店前 15 分鐘

①確保清空走道，並保持通暢清潔。

②確認貨品已滿貨架及促銷台。

③檢查是否有遺漏價格牌或是否有未貼條碼的商品。

④檢查條碼及價格是否正確(含促銷台上的海報)。

3. 上午上班

①帶領理貨員整理倉庫。

②確認檢查庫存數量(電腦查詢)。

③確認訂單已傳真給供應廠商(廠商訂貨計劃表)。

④協助理貨員處理當日的到貨。

⑤在賣場工作的應隨時幫助顧客解決問題。

⑥中午前確認收貨區沒有任何商品。

⑦中午前確認所有促銷台及貨物商品是否滿陳列。

4. 下午上班

①巡視貨架及促銷台是否滿陳列。

②執行退貨。

③在賣場工作應及時處理當日的到貨。

④隨時協助顧客解決問題。

⑤應到而未到的商品再次向供應廠商催促。

⑥確定所有驗收單已核對無誤。

5. 離開商場前

①確認貨架及促銷台滿陳列。

②確定收貨區無任何商品。

③確定倉庫清潔整齊。

④向店長(經理)助理彙報當天重點事件。

⑤與晚班工作人員進行交接。

6. 每週工作

①向競爭者作市場調查，並將市場調查結果填於商品調查報告上。

②依據促銷計劃表下訂單給供應廠商，並安排交換促銷台。

③清除退貨商品。

7.每月工作

①檢查電腦上庫存數量與實際庫存是否有差異，並將結果告訴主管。

②清理倉庫及貨架裏外。

③倉庫的庫存必須準確堆放(一種商品一個位置)。

④做好盤點前的準備工作。

6 理貨員的權責

在零售賣場的營業中，陳列貨架上的商品在不斷減少，理貨員的主要職責就是去倉庫領貨以補充貨架。理貨員是在賣場中間接為顧客服務的銷售人員，其工作質量的好壞也直接影響到銷售額和商場的形象。

理貨員的權責及作業流程如下：

⑴熟悉所在商品部門的商品名稱、產地、廠家、規格、用途、性能、保質期限。

⑵遵守零售企業倉庫管理和商品發貨的有關規定，按作業流程進行該項工作。

⑶掌握商品標價的知識，正確標好價格。

⑷熟練掌握商品陳列的有關專業知識，並把它運用到實際工作中。

⑸做好貨架與責任區的衛生，保證清潔。

⑹隨時對顧客挑選後、貨架剩餘商品進行清理並作好商品的補充工作。

⑺保證商品安全。

7 收銀員的職責

在現代零售企業中，收銀員是與顧客接觸最頻繁的人員，是企業的門面，同時收銀員又天天與金錢打交道，極易出現違法行為，因此對收銀培訓的第一步應是使收銀員明確其崗位職責，並強化其職業道德意識，減少因收銀員的違法行為而給企業帶來的損失。

1. 收銀員職責

①崗位職責

· 嚴格執行顧客服務的原則和個人著裝標準。

· 為顧客提供快速、準確、微笑、主動、禮貌的顧客服務，回答顧客諮詢，主動同顧客打招呼，堅決杜絕一切與顧客爭執的事件發生。

· 保持誠實的品質，嚴格遵守唱收唱付的原則，快速、準確、安全地收取貨款，減少現金差異的發生。

· 負責所有商品的消磁工作，並進行防損方面的檢查。

· 保證隨時有足夠的零鈔找給顧客。

· 提高掃描的正確率和速度，以提高勞動生產率。

· 負責向顧客進行本日物價商品的推銷和快訊彩頁的發放。

· 就一些自己不能處理的問題求助於收銀主管或經理。

· 熟悉收銀機、驗鈔機、消磁機等設備的操作,能解決簡單故障,隨時整理好小票紙帶、購物袋物品的存放等。

· 將顧客不要的商品和回收的衣架等放在指定的地方,等待相關人員集中收取。

· 營業結束和開始前,負責收銀台區域的清潔衛生和收銀台前小貨架的理貨工作。

②主要工作

· 確保收銀動作的規範化、標準化、提高收銀速度和準確性。

· 及時上交銷售款,及時作出差異報告。

· 保證前台區域的清潔衛生。

· 對商業資料的保密。

· 各種票據和文件的收集、保管和傳遞。

· 確保金庫和現金的安全。

· 保證充足的零用金。

· 確保顧客所購的每一件商品均已收銀,不得遺漏。

· 及時拾零,避免影響正常收銀,並將商品存在問題作好記錄。

· 識別偽鈔。

· 嚴格遵循禮貌規範用語。

· 規範化消磁,避免同顧客產生衝突。

③輔助工作

· 協助做好顧客服務。

· 協助盤點和前區商品的理貨、補貨。

· 提高警惕,注意防盜。

- 營業開始和結束時，進行收銀台前的促銷貨架的理貨工作。
- 協助整理購物車籃。
- 協助進行收銀區域的客流引導。

2.收銀主管的職責

①崗位職責

- 確保所有收銀員為顧客提供良好的服務，樹立良好企業形象。
- 合理調度安排收銀員，控制人力及營運成本。
- 解決好每件有關收銀的顧客投訴事件，保持較高的顧客滿意度。
- 執行公司有關的收銀流程，保證收銀員所收資金安全收回。
- 負責現金室的規範操作。
- 控制現金差異。
- 做好本部門的損耗防止工作。
- 監督收銀區域的清潔衛生，配合安全員做好安全防衛工作。
- 熟悉收銀設備的基本運作，能解決簡單的故障。
- 負責與其他部門保持溝通和協調。

②主要工作

- 組織收銀員每天晨會，閱讀收銀員工作日志，傳達、執行企業政策，解決工作中的難題，表揚優秀的顧客服務例子，分析企業的經營業績等。
- 檢查收銀員的出勤、著裝、唱收唱付等工作情況。
- 為所有的收銀機設置零用金。
- 確保非開放的收銀通道無顧客通過。
- 保障收銀作業的快速、順暢、準確，全理安排收銀機開放，做到既節約人力，又沒有顧客排隊。

· 協助解決收銀員在收銀中遇到的問題，如無條件問題或掃描不出來、價格錯誤等。
· 負責所有收銀員的排班、排崗、工作餐。
· 對收銀員進行專業知識的訓練、績效考核等。
· 為收銀員兌換零鈔。
· 營業期間，進行大額提取。
· 為每一位收銀員做班結工作。
· 分析現金差異，提出解決方案。
· 負責將收銀區域內的零星散貨收集到散貨區域。
· 營業前檢查收銀機及其輔助設備是否正常運行，及時排除故障。
· 做好大宗顧客的結賬工作，為有需要的顧客提供幫助。
· 檢查收銀機鑰匙是否正確保管，收銀髮票紙帶是否正確保管。
· 協助安全員解決好收銀出口處的安全門警報問題。

③輔助工作

· 將收銀時發現的條碼問題、價格問題、包裝問題等反饋給樓面。
· 每台收銀機的用具是否收回。
· 將收回的衣架、CD 架、磁帶架、防盜標籤送回樓面部門。
· 本部門營運辦公用品的申購。
· 審批各種假單、申購單、考勤表等。
· 處理突發事件。
· 優秀收銀員的評選。
· 維持收銀區的環境整潔。
· 協助做好防火、防盜工作。

第三章

賣場的會議管理

1 不要在交接班時散漫出錯

很多賣場店鋪都在交接班時出現過或大或小的問題，究其原因還是店員對交接班的重視不夠，交接雙方都沒有把工作做到位，沒有認真進行清點，結果出了問題就互相指責。

交接班是為傳遞各種信息以及上一班次沒有完的工作，或下一班次需要注意的地方，不能只是抄抄就完事，而要真正的對各種事情做到心中有數，合理安排一些工作，落實工作。

在做交接班時，下班次的店員應提前 5～10 分鐘到崗，到崗時必須穿好工服、化好妝、戴好工牌後方可進入櫃台，兩個班次的店員須對以下事項進行交接。

店員們一定要明確交接班的意義，就是把上一班次的信息做好傳遞。我們經常出現有些事情交班交不下去，有些事情交班無落實，結果養成了一種被動的工作習慣，等到事情來了才去看交接班記錄。

1. 更換工裝

在正式上崗之前，就職於有此項規定的單位裏的店員，必須按照規定更換服裝，而不得自行身著不合規定的服裝在工作崗位上招搖過市，若單位要求身著制服上崗時，則更應當嚴守規定。

更換工裝，必須要在班前進行，而切莫在工作崗位上當眾進行表演，另外還要注意，更換工裝必須完全到位。要求在工作崗位穿著的服裝，即使不是其重點，如帽子、鞋子、領帶、領花或手套等，也一件不准多，一件不許少。

2. 工作交接

商業銷售單位常定期召開班前會，統一安排佈置工作。在進行工作交接和工作的佈置時，店員一定要專心致志、一絲不苟。

通常的具體要求，可被歸納為要求店員準時地進行交接班，要求店員必須做到崗位明確、責任明確，要求店員在進行工作交接時，錢款清楚、貨品清楚、任務清楚。在上述諸方面，稍有閃失，都會遺患無窮。

交接的具體工作內容為：

商品：貴重商品（根據各櫃台的具體情況確定）須由兩班次人員共同進行清點、記錄，無誤後由雙方簽名確認。

發票（有發票的櫃台）：由下班次店員核查發票情況，發現問題由兩班店員及時處理。

待處理問題：對上班次未解決的問題（如待維修商品等）進行記錄，由雙方簽名後，交下班次人員處理。

其他事項：上班次店員須將商場的各項通知、規定、注意事項及上班次發生的特殊事件等進行登記，並由下班次交接人員負責通知本班次櫃台所有店員。

3. 驗貨補貨

直接從事商品銷售的店員，需要進行的一項重要的工作準備，便是需要驗貨和補貨。

其目的主要有二：一是為了檢查一下自己負責銷售的商品是否在具體數量上有所缺失；二是為了檢查一下自己負責銷售的商品在品質上有無問題。在進行驗貨之時，發現商品出現缺短，應及時報告。發現商品出現了品質問題，如骯髒、破損、腐敗、變質、發黴等。

2 開店前的店務檢查

1. 清點貨品和賬目

參加完晨會後，導購要做的第一件事是要根據商品平時擺放規律對照商品賬目，將過夜商品進行過目清點和檢查，不論實行正常出勤還是兩班倒制，導購對隔夜後的商品都要進行複點，以明確責任；對實施「貨款合一」制由導購代表經手貨款的，要複點隔夜賬及備用金，做到心中有數。在複點商品和貨款時，如發現疑問或問題，應及時向店長彙報，請示處理。

2. 備齊貨品及銷售必需物品

①按銷量補充貨品。根據銷售規律和市場變化，對款式、品種缺少或是貨架出樣數量不足的商品要及時補充，做到庫有櫃有。續補數量要考慮在貨架商品容量的基礎上儘量保證當天的銷量。

②檢查各種銷售工具與助銷用品。為提供週全的服務必須做以下檢查：檢查商品標籤，做到有貨有價、貨簽到位、標籤齊全、貨價相符；檢查電視、錄影機、錄影帶、信號源、接線設備、產品手冊、樣品、試衣鏡、電腦、計算器、備用金、發票、複寫紙、銷貨卡、筆、包裝紙、剪子、裁紙刀、繩子及其他必備輔助下具；檢查燈箱、POP、宣傳品、促銷品等助銷用品。營業前必須檢查、備齊必需物品及其必需量，並放置在必要的場所。

③將必要的銷售工具製成表格並固定放好。包裝材料有紙袋、塑膠袋、包裝紙、繩索、絲帶、標籤等多樣，因此，將決定的物品名稱與庫存量製成一覽表，才容易清楚地瞭解。剪刀等用具固定放在經常使用的地方，並養成使用後歸回原位的習慣。

④留意污漬、被損的目錄。產品目錄、樣品、產品手冊等若有污漬、破損，會給顧客「粗糙商店」的不良印象，不僅不能喚起顧客的購買慾，連商店、商品、導購亦會被輕視。

3 賣場的早會管理

1. 早會的策劃

召開早會的目的主要是安排好一天的工作，傳達商場的各項資訊、政策等。商場必須做好早會的策劃工作，以保障一天工作的順利開始。早會的策劃流程如表 3-3-1。

早會主持人和員工都應當穿著標準工衣。員工應列隊，並站立整齊。

「口號」，不要只是個口號而已，呼喊之外，還要把口號的基本精神落實在日常工作、生活上。作為主管，要以身作則，帶領團隊，讓每一分子積極主動、主動負責，培養成一個「全自動」的團隊。

2. 早會的準備

管理者要開好早會，就必須做好早會的準備工作，包括準備早會所需物品、準備早會講解的內容等。

表 3-3-1　早會的策劃流程

流程名稱	詳細解讀
① 設計早會站姿	俗話說「站如松，坐如鐘」，早會一般採取站姿，因此，必須設計好站姿，避免出現隊形歪歪扭扭、人員交頭接耳等影響早會氣氛的現象
② 設計早會問候語	問候語要設計成大家容易回應的方式，逐步形成一種規範，一聲問候一聲回應，工作氣氛和團隊力量頓時會得到充分體現，可使大家的注意力瞬間集中到傾聽主持人的表達中，時間一長，員工自然會養成互相打招呼的好習慣
③ 設計早會口號	a. 早會中的口號，不只提醒每位員工工作即將開始，也有振奮精神、提升士氣的作用，它使人們產生一致的目標，產生一致的激情 b. 口號的設計可自行設定，只要它簡短而有力、具有激勵性，那都是一句很響亮的口號，若能前後押韻那就更完美了
④ 確定早會頻率與時間	不同商場早會的頻率不一樣，一般來說，早會最好每天都開，每次10分鐘左右，時間一旦定下來，就不要改變，最好定期、定時舉行
⑤ 設計早會流程	早會的流程通常包括主動集合、整隊、問好、喊口號等，商場要結合自身的特色來設計
⑥ 早會主持人的安排	要讓員工認識到主持現場早會是工作的一部份，所以必須提前做好每個月的早會輪值表，並將這個輪值表貼在公告欄裏，當有員工請假或離職造成第二天輪值人員空缺時，要自己頂位，或者安排員工頂位

表 3-3-2　早會的召開流程

流程名稱	詳細解讀
①確認出勤	透過早會可以確認出勤狀況，那些同事到了、那些同事沒有到，一目了然，而確認出勤的方式是點名，值日員工(主持人)點一個人的名字時，這個員工要大聲回答「到」，點名是便於確認本部門，人員到會情況和出勤情況
②齊唱歌曲、朗讀經營理念	a. 可以根據企業要求，由值日員領唱歌曲、領讀企業經營理念，如果企業沒有要求，這一項也可以不進行 b. 部門主管可以根據階段性工作的重點，設計相關的內容由值日者領讀，如在銷售旺季抓銷售時，以「銷售從服務做起」為口號，這樣可以營造抓品質的氣氛
③分享個人感想	a. 由值日員工與大家分享個人感想，當然，個人感想主要包括個人的工作經驗、心得體會、自我反省、工作建議等。 b. 要求值日員工的講話內容必須主題明確、表達完整，時間至少要2～3分鐘，讓員工輪流主持早會，給予員工總結經驗、表達意見和建議的機會
④工作總結	a. 由早會主持者請出部門主管講話，部門主管首先要對頭一天的工作進行總結 b. 在總結時，要避免諸如「大家幹得都不錯」之類大而空的表達，盡可能具體到人、具體到事，有根有據地進行表揚或批評
⑤工作安排	a. 安排當天工作是現場早會的重點內容，主要包括作計劃、制定工作目標、人員調配等 b. 部門主管在現場佈置工作時要做到清楚明確，不要含糊其辭造成混淆，講到具體員工的工作安排時要注視對方，確保對方理解到位
⑥明確工作要求	根據昨天的情況和今天的安排，部門主管應該明確提出對大家的要求和期望，具體包括事項如下： a. 工作配合要求 b. 工作品質要求 c. 遵守紀律要求
⑦傳達企業相關資訊	根據不同階段的實際情況，在必要的時候部門主管應向員工傳遞商場的相關資訊，使員工瞭解商場大局，更好地理解和接受工作要求
⑧交代特別注意事項	早會結束之前，不要忘記問一句「請問大家還有沒有其他事項？」如果有，就請提議的員工補充說明一下，這樣，可以避免該通知的沒通知、該提醒的沒提醒的情況發生，如果沒有，即可宣佈結束早會

3. 早會的召開

早會要按流程召開，包括確認出勤、齊唱歌曲、朗讀經營理念、分享個人感想等，以確保符合規範。早會的召開流程如表 3-3-2。

4. 早會工作的落實

早會結束了，一天的工作開始了。早會的效果如何，真正地體現在當天的工作進行中。工作若按預定計劃圓滿完成，可以說早會開得不錯，然而，能否圓滿完成計劃，還有賴於主管在會後的跟蹤和回饋。

表 3-3-3　早會工作的落實流程

流程名稱	詳細解讀
① 整理出早會中反映的問題	a. 在早會中往往會有一些有價值的資訊或者是一些你事先沒有想到的事務，在員工的討論中反映出來 b. 作為主管，不僅要在早會中善於捕捉到這些，更要在會後將這些問題整理出來，並做好明確記錄
② 制定解決方案	根據早會中整理出的問題，制定有針對性的解決方案，將問題的解決分工到人、明確職責，並規定具體解決時間
③ 執行解決方案	方案制定好之後，還要及時安排相關人員來執行，以便使問題得到解決
④跟蹤執行	由管理人員對方案的執行情況進行跟蹤，跟蹤工作可以使用多種方式方法，如防損部主管跟蹤執行任務的情況最好的辦法是賣場巡查，賣場巡查也就是所謂的走動式管理，試想想，主管如果只坐在自己的辦公桌前，那麼怎能瞭解商場(超市)的銷售情況、員工精神狀況呢
⑤整改	管理人員在跟蹤過程中發現問題時，要及時提出來，以便進行整改，使解決方案得到圓滿完成

4 賣場的會議管理

1. 月例會

例會對賣場非常重要，它承上啟下，是提高管理水準、增強執行力的一種有效手段，同時，透過例會的召開，還能激發創意，可以提高同事間的共同意識，提高合作精神。

表 3-4-1 月例會召開流程

流程名稱	詳細解讀
① 明確會議參與人員	例會的進程相對穩定，一般由商場總經理主持召開，會議的參與人員都是各部門經理、主管等
② 發佈會議通知	商場應提前發佈會議通知，使各部門提前做好會議準備
③ 準備會議資料	各部門準備會議資料，包括以下內容： a. 本部門本月經營成果 b. 需要解決的問題 c. 對上月例會決定的執行情況
④ 參與會議討論	各部門負責人在規定的時間內參加例會，並充分展開討論
⑤ 撰寫會議紀要	會議結束後，要及時撰寫會議紀要，內容包括： a. 會議參加人員 b. 會議討論主題 c. 會議最終決定 d. 會議決定要辦的事情

2. 臨時會議

臨時會議是指為了處理某些突發事件而臨時召開的會議。商場在運營過程中，可能會出現一些難以預料的事情，因此必須開好臨時會議。

表 3-4-2　臨時會議召開流程

流程名稱	詳細解讀
①發生事件	一旦發生以下事件時，商)應當立即召開臨時會議： a. 重大顧客糾紛事件 b. 發生火災 c. 嚴重盜竊、搶劫等事件
②通知	臨時會議由總經理負責召集，要及時向會議各相關部門發送緊急通知，通知的形式包括店內緊急廣播、對講機通信、直接撥打負責人電話等，通知內容包括會議議題、會議地點等
③討論	由各相關人員就發生的事件展開討論，以確定最終解決方案
④制定解決方案	根據討論結果制定解決方案，並迅速下發到會議人員手中，各自分別執行
⑤執行檢查	由總經理安排相關人員對方案的執行情況進行檢查，以確認最終效果

5 一天結束後的夕會目標

夕會是總結一天銷售活動的時間，作為明日目標飛躍的跳板。

1. 以檢討實際活動為出發點

「夕會」的內容和營運方法依職別的不同而有差異。夕會通常是對當天的銷售實績與銷售活動，作重點式的反省，而成為明天的工作目標。導購要深入檢討自己今天的銷售實績與銷售活動，來參加夕會。

2. 思考明天的目標

以銷售目標和實際的誤差作為反省、檢討的重點，然後，思考明天的目標金額。此時，將從月初開始的目標金額累計與實際金額累計加以比較，若實際下降時，則多設定明日的銷售目標。為縮小目標與實際距離而努力吧！

3. 思考明天的銷售活動

設定明日的銷售目標後，要具體地思考「明天以××商品為重點銷售商品」。因此，明天第一件事要做 POP 廣告，全力以赴達到目標。

4.參加夕會的方式

表 3-5-1　夕會注意事項

心態	不要認為夕會只是儀式，而要反省今天結果如何，從而獲得明天的行動指標
檢討銷售目標與實績	· 明確銷售目標與實績的差額，並思考原因 · 把握目標累計與實際累計的誤差程度 · 思考如何設定明天的銷售目標
檢討活動狀況	· 反省今天的銷售活動，並具體思考明天銷售活動的方法 · 反省在晨會發表過的「努力目標」和「提升能力目標」的實施狀況與結果 · 具體思考明天的「努力目標」與「提升能力目標」
分享	· 若需分享上述的「目標」、「實際」和「活動狀況」時，要認真具體 · 若需發表分享「感想」時，要認真

6 商店賣場的閉店(打烊)管理

1. 閉店清場

商場閉店後，各級員工必須開展清場工作，使賣場恢復整潔有序的面貌。

表 3-6-1 閉店清場流程

流程名稱	詳細解讀
①明確清場的執行時間	a. 一般清場執行時間為每日22：30分或23：00，如營業時間有改變，清場時間順延 b. 商場要根據不同季節和特別節日的特點制定營業結束的時間，若有短暫調整將由臨時通知為準
②廣播提示	A. 清場之前，廣播提示顧客，所有員工做好清場前的工作準備 b. 各樓層清場人員進入清場定位狀態 c. 播放閉店音樂
③實施清場	a. 工程人員關閉各樓層上行電梯，開始關閉抽風機、冷氣機等 b. 關閉一樓捲閘門(後門)，員工通道、正門除外 c. 準時關閉下行手扶電梯，商場週邊看板、展示牌、裝飾燈光全部關閉
④離場	a. 辦公區工作人員在清場後，必須離開辦公室，並關閉所用辦公用電設備 b. 所有員工只准走員工通道，授權當值工作人員除外 c. 有特殊加班必須提前申請，並報備加班人員名單及負責人
⑤夜間值班	清場後，夜間值班員開始全面負責商場夜間消防、安全、防損工作

2. 員工離場檢查

為了防止有些員工在離場時盜竊商品，商場應當嚴格做好離場檢查工作，徹底杜絕盜竊發生的可能性。

表 3-6-2　員工離場檢查流程

流程名稱	詳細解讀
①設置防損崗位	為防止員工攜帶商品離場，商場應設置防損崗位，在員工通道處進行監督檢查
②制定管理規定	商場應為員工的離場制定明確的管理規定，並使員工瞭解，基本規定如下：
	a. 所有員工只准走員工通道，授權當值工作人員除外 b. 不得將商品及其贈品帶入更衣室 c. 不得要求其他員工幫自己將商品攜帶離場
③員工自檢	員工經過員工通道時應嚴格自檢，掏開褲兜、背包等，向防損表示並未攜帶商品離開
④防損檢查	a. 防損要監督員工的自檢，確認其背包中沒有攜帶商品才能放行 b. 發現背包中存在可疑商品時，防損要攔下員工，仔細進行檢查，如果確認是商場的商品，要按公司規定進行處理，如果是員工蓄意偷盜，且商品價格高昂，必要時，可報公安機關處理 c. 防損檢查時嚴禁發生搜身等侵犯員工個人權利的事情
⑤記錄	每天防損檢查工作結束後，都要做好記錄，尤其要記錄發生的異常情況

3. 閉店檢查

閉店檢查是清場的一項重要工作，有透過有效地檢查，發現存在的問題，並及時予以解決，才能維持商場的正常運轉。

表 3-6-3　閉店檢查流程

流程名稱	詳細解讀
① 確定檢查人員	a. 參加閉店檢查的人員應當包括當日值班經理、防損經理、防損員、夜班值班經理等 b. 明確劃分各檢查人員的責任，編制清場人員定位責任表
② 實施檢查	清場工作結束後，檢查人員要實施檢查，檢查要點如下： a. 從頂樓往一樓按順序檢查 b. 檢查超市冰櫃、冷凍庫供電是否正常，熟食區煤氣、煤灶是否關閉或熄滅 c. 檢查所有燈具、冷氣、抽風機等應該關閉的用電設備是否關閉 d. 檢查倉庫及收貨區各類商品是否擺放整齊
③ 重點檢查	a. 對配電房、洗手間、試衣室、麵點房、防火通道等及其他隱蔽易於藏人的區域進行重點檢查 b. 對貴重商品儲存區域重點檢查，同時核對貴重商品登記表，查看與銷售資料是否對應 c. 檢查滅火器等消防設施設備是否處於正常狀態中
④ 檢查記錄	檢查人員要對檢查工作做好記錄

第四章

賣場的禮儀規範

1 要規範賣場的儀容管理

賣場人員的儀容儀表管理主要是要求賣場作業人員的服飾、姿態和舉止風度等符合企業的規定。規範的儀容儀表，可表現出賣場作業人員的精神和對工作的態度。

一、頭髮和髮型要求

女賣場作業人員的頭髮和髮型不應給人以奇異的感覺，不梳特殊的髮型。髮型應考慮與服裝是否相稱，是否均衡。

禁止用遮蓋臉面的髮型或遮蓋眉毛的長髮，因為看起來都不順眼。頭髮應向上或橫梳，使之整潔，披肩的長髮要用黑、茶色絲帶紮起來，向上整整齊齊地放好，以利於工作。頭髮要經常用梳子梳好，不給人淩亂的感覺。

男賣場作業人員的頭髮和髮型則要注意清潔，禁止梳蓋到衫衣領口的長髮、使人感到不清潔的長髮或極端的長鬢角。男賣場作業人員不得留鬍鬚。

二、服飾打扮要求

女賣場作業人員的制服式裙子的長度要適合工作。極端的短或不自然的長，都不便於活動。

裙子要穿黑色、灰色、藏青色、茶色、綠色無花紋的或者接近這種顏色的裙子。內衣的領子和毛衣等都不要露出來。高跟鞋、長筒鞋、運動鞋都不適合工作。另外，涼鞋鞋後跟要有帶。對襟毛絨衣要穿藏青黑色平針織的毛絨衫，一定要扣上扣子。奇異服裝，事先要申報管理部門，得到許可方可穿用。

男賣場作業人員不應穿極端花俏的，帶花紋的服裝。襯衣可以穿顏色較淡（淺）的，禁止穿紅、紫、桔紅等顏色的襯衣。除上述的顏色外，極端濃（深）色的也應禁止。除此之外的奇異服裝，要事先申報管理部門取得許可。

三、儀容要求

女賣場作業人員應儀容清爽，化淡妝，男賣場作業人員不應留鬍鬚。男女賣場作業人員都應：

⑴保持頭髮整齊清潔，經常梳理。

⑵經常洗手、勤於修剪指甲，保持清潔。

⑶男性賣場作業人員每天早上刮鬍子時，順便要修剪鼻毛。

⑷每天洗澡或洗臉時順便檢查耳朵中分是否乾淨，女性賣場作業人員儘量不要戴耳環，如有必要也要挑選簡單大方的樣式。

⑸經常注意自己是否有口臭，牙齒是否潔白？若有口臭可利用口香糖或口腔消毒藥來消除。

⑹注意自己臉部是否乾淨？臉上表情是否自然？女性賣場作業人員要避免濃妝豔抹，應以淡妝為宜。

⑺為了讓自己的眼睛不充滿血絲，看起來疲憊不堪，賣場作業人員應有充足的睡眠。

⑻經常保持全身的清潔，留意自己身上是否發出異味，上崗前不吃帶異味的食物，不飲烈性白酒。

以下為某零售業對其賣場作業人員的儀容儀表要求，供大家參考：

⑴容貌健康、整潔、精神。賣場作業人員健美的體態、容貌，包括體格健壯，清潔文雅，精神飽滿，充滿活力等，它對顧客有著一定的影響力，也是禮貌待客的外在表現；同時賣場作業人員的適當化妝和修飾，不僅能使自己形成良好的自我感覺，增強自信心，而且能給顧客一個清新，賞心悅目的視覺感受，有效的培養顧客對零售企業的良好印象。因此，本企業規定：

①女賣場作業人員上班必須化淡妝，要求根據本人皮膚的特點，適當擦少許粉底。

②眉毛較淡的用眉筆輕描眼眉，但注意不要過濃。

③頭髮梳理整齊無頭屑，注意髮式的造型效果。提倡噴少量髮膠或摩絲。

④女賣場作業人員的短式髮型應經常梳理整齊，不得蓬鬆零亂。

⑤男賣場作業人員的髮型要美觀大方，髮角側不得過耳，後髮角不過領。

⑥染髮鍋油以黑色為主，不得染其他雜色。

⑦保持牙齒清潔，口腔清潔無異味，勤洗澡，身體不能有異味。

⑧常剪手指甲，不可留得過長，指甲內不可藏有污垢。

⑨賣場作業人員不可留長鬢角，蓄小鬍子，鼻毛不得長出鼻孔等。

⑵服飾穿著給人以舒適、大方、端莊的感覺。

①男女賣場作業人員統一著裝，工作服應乾淨、整齊、筆挺，不能有皺褶。

②穿著工作襯衣時，除上襟第一粒紐扣外，其餘應全部扣齊。襯衫袖口不能捲起，袖口紐扣要扣好。

③個人衣物不得露出外衣袖、衣領、襯衣領口處；衣袋不宜多裝物品以免鼓起；工作服外不得掛有個人飾品，如紀念筆、鑰匙與自製飾物、飯卡等。

④男賣場作業人員的西裝紐扣要扣齊，袋子蓋要統一放出袋口外面。褲腳不能捲起。

⑤男賣場作業人員統一結領帶，結領帶時扣上襯衣全部紐扣，領帶必須結正。

⑥男女賣場作業人員必須統一穿公司指定的工作鞋。

⑦賣場內男作業人員統一穿白色襪子；女作業人員統一穿肉色襪，襪頭不得露出裙外，襪子不得有破洞。

⑧工作襯衣必須將後擺放入褲內或裙內，注意束裝效果。襯衣不可鬆垮出褲、裙外；男女賣場作業人員著西裝，統一束紮黑色皮帶。

⑨不得在其他衣褲上直接套上工作褲，顯得下身臃腫難看。

四、不要胡亂搭配佩飾

店員對外代表著店鋪的形象，良好的儀容儀表大而言之可以提升店鋪的品牌價值，小而言之可以令顧客心情愉悅。現在，絕大部份店鋪都有了統一的工裝，也正是因為這樣，一些店員便忽略了一些細節問題，例如怎樣合理使用佩飾搭配著裝。佩飾的搭配是一門學問，搭配得當就會起到畫龍點睛之效，搭配不當，就會影響整個著裝效果。

受過正規培訓的店員們都知道，工作中一定要衣著整潔得體，這一點大部份店員都做得不錯。但在佩飾的佩戴上，很多店員卻缺乏這方面的知識：一條絲巾不管搭配什麼樣的工裝都從頭戴到尾；轉身昂頭佩戴的首飾叮噹響；衣著雖然看起來得體，但是腰帶、皮鞋卻露了怯……事實上，對於樹立店員職業形象而言，佩飾的佩戴同樣重要。

⑴手錶

手錶式樣典雅大方就可以，不必太華貴，但切忌一伸胳膊就露出水果糖似的卡通表，也許你在學生時代慣用休閒表來裝飾心情，但作為店員，可不要給顧客留下輕浮隨便的印象。如果你在服裝行業工作，那麼對手錶的流行感應該也是很敏銳的，對男性店員來說，造型簡單的金屬錶帶與皮製表帶的手錶是最佳選擇。

⑵領帶

領帶是西裝的「畫龍點睛」之處，領帶打好後的長度相當重要，其下端應在皮帶下 1～1.5 釐米處。領帶的質地以真絲為最佳，領帶的圖案與色彩可以各取所好。如果你對顏色沒有很深的研究，請慎用顏色多、花樣複雜的領帶，建議採用傳統型的領帶，例如條紋、格子。

⑶領帶夾

生活中，常見到一些男性店員打著整齊的領帶，但是一轉身領帶就隨著動作飛舞，看了實在讓人不舒服。請牢記，領帶夾主要用於領帶固定於襯衫上，因此不能只用其夾著領帶。它的正確位置是在有 6 顆鈕扣的襯衫，從下往上數第 4 顆扣的地方。最好不要讓領帶夾的位置過於靠上，特別是有意暴露在他人的視野之內，因為它沒有裝飾作用。

⑷皮帶

一條質地優良、款式時尚的皮帶確實能夠反映出一個人的品位，但對於男性店員來說，還是選擇比較安全、保險、中規中矩的黑色簡約皮帶為好。

一般來說，商務風格的皮帶扣都比較簡潔，太花哨了會顯得很女性化，沒有商務氣質。皮帶的好壞並不在於皮帶扣上 logo 的大小，在歐洲文化中，商務人士都是非常低調、含蓄的，但是衣著會非常得體，他們首要關注的是自己穿著舒服，而且服裝與鞋子、皮帶的顏色材質搭配都很完美。所以，皮帶的款式關鍵還是要看怎麼跟衣著的風格相搭配。

⑸耳環

耳環是女性店員的最愛，因為它突出了女性柔美的氣質，更添時尚。但是請注意耳環要根據不同臉型佩戴：窄長臉配淺色耳環，戴淺色閃光型短粗或多套式項鏈；三角型臉配閃亮貼耳式小耳環，戴長項鏈；倒三角臉配有墜耳環。慎用過長帶墜項鏈；圓臉則配有墜耳環和較長有墜項鏈。深色皮膚不宜佩戴象牙色、珍珠色等明度過高的飾品；黑紅皮膚宜戴鑽石、紫水晶等首飾，慎用綠色飾物。如果首飾讓人會質疑你的專業性，如太大、太耀眼類的首飾在上班時就不宜配戴，因為當你甩頭的時候，你的耳環可能會產生叮噹的聲響，破壞顧客的注意力。

⑹項飾

項飾包括項鏈、圍巾、掛件、領結和領花等，以項鏈、圍巾和掛件為主。項鏈是項飾中最有代表性的飾品，它簇擁頭部、連接服飾，在視覺上具有較強的方位感和走向性，最易直觀地表現造型款式和形象。項鏈佩戴在女性頸部最顯要的視覺部位，不僅具有裝飾性，對身份、素養、喜好、個性也具有較強的表達力。黃金質地的項鏈代表著黃金能量；鑽石體現了永恆的主題；珍珠體現出主人的純淨與高貴。而對於女性店員而言，項飾佩戴的唯一要求就是不要過分引人注目。

⑺襪子

襪子只有一個原則，選擇和你的皮鞋顏色接近的純棉襪子。如果你的皮鞋和西褲是黑色的，那你的襪子一定要是黑色的，如果你穿了一雙白襪子，那可就犯了大忌。對於注重細節的顧客來說，你一抬腳露出的那抹白色可是非常的刺眼。

⑻皮鞋

簡單地說，男士正裝單鞋分為系帶式和簡便式，系帶式是經典的正裝款式，近年來簡便的鬆緊式皮鞋也成為了正裝的選擇。無論是系帶式還是簡便式，目前的主流是不尖不圓也不扁的合適造型，皮面不能過於光潔亮眼，最好是頭層牛皮的亞光質感，如果光潔如漆惹人眼目反而是失格的。正裝皮鞋一定是有跟的，正裝男鞋的高品質鞋跟應當是木制的，當然，底部襯有橡膠耐磨層。木制鞋更輕便結實不易變形。只需要用手指甲輕輕敲打即可分辨，木質鞋跟堅硬。發出答答聲，而塑膠鞋跟質軟，敲打質感明顯不同。另外，對於男性店員來說，皮鞋上不宜有太多裝飾品，當然標明皮鞋身份的商標例外。

五、不要忘記微笑服務

因為，微笑不僅是增進交流、促進溝通的重要工具，還是一種愉快心情的反映。只要對工作、對顧客懷有誠摯的感情，那麼即使再忙碌，也能對顧客發出真心的微笑。

一個微笑，在生活中很平常，但在門店銷售服務的過程中，一個不起眼的微笑卻能帶來眾多的商機和巨大的效益。店員們還要注意一點，千萬不要讓你的微笑做作，流於表面，如果不是真情實感，即便是臉上浮現出笑容，也會給顧客一種輕浮冷淡的感覺。

美國旅店業鉅子希爾頓曾說過：「我寧願住進雖然只有殘舊地毯，卻能處處見到微笑的旅店，也不願走進一家只有一流設備，卻見不到微笑的賓館！」可見店員微笑服務對店面銷售的重要作用。

那麼，什麼樣的微笑才是合格的呢？

美國沃爾瑪零售公司是世界 500 強企業，它的微笑服務享譽全球。在微笑服務上，他們有一個「統一規格」——店員對顧客微笑時必須露出 8 顆牙齒。如果你覺得自己表情僵硬，無法做到這一點，那麼不妨對著鏡子練習一下。每天早晨上班前。那怕只有 30 秒鐘也行，站在鏡子前面照一照自己的笑容。第一步，對鏡子擺好姿勢，像嬰兒咿呀學語時那樣，說「E……」，讓嘴的兩端朝後縮，微張雙唇：第二步，輕輕淺笑，減弱「E……」的程度，這時可感覺到顴骨被拉向斜後上方：第三步，相同的動作反覆幾次，直到感覺自然為止；第四步，無論自己坐車、走路、說話、工作都隨時練習。堅持做好以上幾步，那麼你的微笑就會親切美麗了。

此外，還要讓微笑進入眼中。當你在微笑的時候，你的眼睛也要「微笑」，否則，微笑就變成了假笑。眼睛會說話，也會笑。如果內心充滿溫和、善良和厚愛時，那眼睛的笑容一定非常感人。你可以取一張厚紙遮住眼睛下邊部位，對著鏡子，心裏想著最使你高興的情景。這樣，你的整個面部就會露出自然的微笑，這時，你的眼睛週圍的肌肉也在微笑的狀態，這是「眼形笑」。然後，放鬆面部肌肉，嘴唇也恢復原樣，可目光中仍然含笑脈脈，這就是「眼神笑」的境界。學會用眼神與顧客交流，這樣你的微笑才會更傳神、更親切。

你必須堅信這一點，微笑面對顧客並不是一件難事。從心理學的角度來看，微笑是人天生就有的。美國學者丹尼爾· 麥克尼爾在《面孔》一書中寫道：「微笑是天生的。嬰兒幾乎一生下來就會笑。」嬰兒「第一次微笑出現在出生 2～12 小時之間，這時的微笑似乎並沒有什麼意義。第二階段的微笑出現在第 5 個星期到第 4 個月之間，這種微笑是交際微笑，嬰兒笑的時候會盯著一個人的臉。當嬰兒聽見母親熟悉的聲音時，同樣也會發出微笑。」

2　賣場的行為舉止管理

賣場作業人員的一舉一動關係到零售企業的形象。賣場作業人員的行為舉止，主要是指其在接待顧客中的站立、行走、言談表情、拿取商品等方面的動作。

賣場作業人員在接待顧客時的行為舉止，往往最能影響顧客的情緒。賣場作業人員言談清晰文雅、舉止落落大方、態度熱情慎重、動作乾脆俐落，會給顧客以親切、愉快、輕鬆、舒適的感覺；相反，舉止輕浮、言談粗魯，或動作拖拉，漫不經心，則會使顧客產生厭煩心理。

一、營業現場的行為舉止

⑴提前上班，留充分的時間檢查自己裝束，做營業前的準備。

⑵見到同事和顧客，應心情舒暢地寒暄問候。

⑶不離開崗位，離開要取得上級的同意, 並告去處。

⑷不要嘀嘀咕咕談話。

⑸不要背地裏說別人壞話。

⑹不要隨意瞎聊。

⑺呼叫同事時不要省去尊稱。

⑻不要用外號呼叫別人。

⑼不要紮堆。

⑽不要抱著胳膊。

⑾不要把手插進褲兜裏。

⑿不要在營業場裏化妝。

⒀不要在營業場看書報。

⒁顧客正在看貨時，切勿從中間穿過。

⒂不要把身子靠在櫃台上。

⒃不要坐在商品上。

⒄商品須輕拿輕放。

⒅商店的物品切勿用在私人的事情上。

⒆不要總考慮下班的時間。

二、接待顧客的行為舉止

⑴切勿見顧客穿著不好，或購買金額較少就態度冷淡。

⑵不論對待什麼樣的顧客，都應誠心誠意的笑臉相迎。

⑶對兒童、老年人及帶嬰兒的顧客要格外親切招待。

⑷對詢問其他商店地址的或問路的顧客，應以笑臉相迎，熱情相告。

⑸顧客詢問廁所時要告訴清楚。

⑹時刻留意顧客是否忘拿或丟掉什麼東西，如發現須交到辦公室。

三、說和聽

⑴顧客進店，一定要道聲客氣話「歡迎您」，然後有禮貌地接待。

⑵以微笑的表情接待顧客，不要露著牙齒笑，以免給人反感。

⑶不要斜眼偷看顧客。

⑷不要抱著胳膊接待顧客。

⑸不要把手插到褲兜裏說話。

⑹不要打量著顧客服裝說話。

⑺避免和顧客發生爭執。

⑻咳嗽打噴嚏時要轉過頭去，或用手或手帕遮掩。

⑼不能邊抽煙、邊吃東西、邊接待顧客。

⑽不要在顧客面前做挖鼻、剔牙的動作。

⑾不要做不負責任的回答或暧昧的表情。

⑿正在接待顧客時，如果有另外的顧客呼叫，應道聲：「請您稍等一下」，等待接完了之後再接待第二人。

⒀對正等待著的顧客，客氣的說聲：「您久等了」，再問顧客想看點什麼或要求什麼。

⒁接待過程結束時，賣場作業人員應彬彬有禮地送別顧客，如說：「謝謝您，歡迎您再來」、「請您拿好東西」、「請您走好」、「再見」等。

四、站姿規範

賣場作業人員在對顧客進行服務時，基本上是以站立為主，為此必須保持良好的站姿。

⑴頭部抬起，面部朝向正前方，雙眼平視，下頜微微內收，頸部挺直。

⑵雙肩放鬆，呼吸自然，腰部直挺。

⑶雙臂自然下垂，處於身體兩側。

⑷兩腿立正併攏，雙膝與雙腳的跟部緊靠。

⑸兩腳呈「V」狀分開，兩者相距約一個拳頭的寬度。

⑹賣場男作業人員雙手相握疊放於腹前或握於身後。

⑺賣場女作業人員雙手相握或疊放於腹前。

⑻雙腳以一條腿為重心，稍微分開。

⑼男賣場作業人員要站出英俊強壯的風采。

⑽女賣場作業人員要站出輕盈、典雅的韻味。

⑾切記不可在工作中背對顧客。

⑿不能在站立時表現出無精打采的樣子。

⒀無論男女作業人員，站立時應正面面對服務對象。

⒁站立時應面帶微笑。

五、接待姿態規範

⑴頭部微微側向自己的服務對象，面部保持微笑。

⑵手臂可持物，也可自然下垂。

⑶收腹，臂部緊縮。

⑷雙腳一前一後成「丁字步」。即一隻腳的後跟靠在另一隻腳的內側。

⑸與顧客進行短時間交談或聽他人訴說時，都可以用這種姿勢。

⑹不可將手放在腦後或手持私人物品。

⑺使用服務姿勢時，全身呈自然放鬆狀態。

⑻不可站得離顧客太遠，以 50 釐米為好。

⑼不能站著保持不動，應以顧客為主，做適當的調整。

六、待客姿勢規範

⑴手腳適當放鬆。

⑵以一腳為中心，將另一條腿向外側稍稍分開。

⑶雙手指尖朝前，輕放在櫃台上。

⑷雙膝儘量伸直。

⑸肩、臂自然放鬆，脊背挺直。

⑹不可將雙肘支在某處或是托住下巴。

⑺不可把整個手臂放在櫃台上，呈休息狀。

⑻不能出現趴、靠、依著櫃台的動作和姿勢。

七、恭候顧客姿勢規範

⑴雙腳適度分開，呈輕鬆站立。

⑵肩、臂自然放鬆。

⑶全身呈放鬆狀態，直至有顧客光臨。

⑷上身自然挺直，目視前方。

⑸不可將手放在衣服口袋裏，或是雙手抱在胸前。

⑹手部不宜隨意擺動。

⑺頭部不要晃動。

⑻手臂不可揮來揮來，腿腳抖個不停。

⑼下巴避免向前伸出。

⑽分開的雙腳不要反覆不停地換來換去。

八、行走規範

⑴行走時應輕而穩。

⑵行走時應昂首挺胸收腹，肩要平，身要直。

⑶男賣場作業人員行走時雙腳跟走兩條線，但兩線盡可能靠近，步履可稍大。在地上的橫向距離為 3 釐米左右。

⑷行走時雙目平行向前，兩臂放鬆，自然擺動，兩肩不要左右搖晃。

⑸行走時不可搖頭晃腦、吹口哨、吃零食，不要左顧右盼，更不

要手插口袋或打響指。

⑹不得以任何藉口奔跑、跳躍。確因工作需要必須超過顧客時，要禮貌道歉，說聲對不起。

⑺不與他人勾肩搭背，手拉手並行，行走時賣場男作業人員不得扭腰，女賣場作業人員不得晃動臀部。

⑻行走時的注意事項。具體如下：

①行走時儘量靠右側，不走中間。

②與上級、顧客相遇時，要點頭示禮致意。

③與上級、顧客同行至門前時，應主動開門讓他們先行，不能自己搶先而行。

④與上級、顧客上下電梯時應主動開門，讓他們先上或先下。

⑤引導顧客時，讓顧客、上級在自己的右側。

⑥上樓時顧客在前，下樓時顧客在後，三人同行時，中間為上賓。

⑦顧客迎面走來或上樓梯時，要主動為顧客讓路。

九、手勢姿態規範

⑴在給顧客指引方向時，要把手臂伸直，手指自然併攏，手掌向上，以肘關節為軸，指向目標。

⑵在指引方向時，眼睛要看著目標並兼顧對方是否看到指示的目標。

⑶在介紹或指示方向時切忌用一根手指指點。

⑷談話時手勢不宜過多，幅度不宜過大，否則會有畫蛇添足之感。

⑸一般來說，手掌掌心向上的手勢是虛心的、誠懇的， 在介紹、引路、指示方向時，都應掌心向上，上身稍前傾，以示敬重。

⑹在遞給顧客東西時，應用雙手恭敬地奉上，絕不能漫不經心地一扔，忌以手指或筆尖直接指向顧客。

3 賣場的服務禮儀

⑴迎接顧客的禮儀

在通常的理解中，迎賓就是例行性地說：「您好，歡迎光臨。」在現代商務禮儀中，說「歡迎光臨」的時候要求服務人員融人感情，眼神要流露出欣喜。此外，迎賓的服務禮儀還有「五步目迎、三步問候」等要求。

①五步目迎，三步問候

如果是在酒店等開放式的服務空間中迎接顧客，店員就一定要記住「五步目迎，三步問候」的原則。

所謂目迎就是行注目禮。當顧客已經過來了，店員就要轉向他，用眼神來表達關注和歡迎。注目禮的距離以五步為宜，在距離三步的時候就要微笑問候「您好，歡迎光臨」等。

②微微鞠躬

迎接顧客時為了表示對顧客的尊敬，很多服務場所的店員都會向顧客行鞠躬禮。那麼怎樣的鞠躬是合適的呢？按照一般的慣例行 15 度的鞠躬即可，這樣就可恰到好處地表示敬意。

③面帶微笑

微笑是最好的歡迎詞，店員在迎接顧客的時候要始終面帶恰到好處的微笑，表現出禮貌、親切等。但是，笑也要把握分寸，切忌不合時宜的大笑，否則會讓顧客感到莫名其妙，從而產生排斥感。

④用眼神說話

禮儀要注重細節，如果你面帶微笑但眼神淡漠，服務就會顯得生硬。一個優秀的店員，眼神也要流露對顧客的感情，這樣才能令顧客感受深刻。眼神的表達要經過系統訓練，除了喜、怒、哀、樂這四種基本表情之外，還要表現出貼切、真誠、熱忱、關注等感情，努力做到「眼睛會說話」。

⑵銷售服務的禮儀

①禮貌引導顧客

由於顧客不熟悉店面環境，很多時候店員要主動引導顧客。而禮貌的服務和明確的引導手勢，會讓顧客感到更貼心。在引導過程中，女性店員的標準禮儀是手臂內收，然後手尖傾斜上推「請往裏面走」，顯得很優美；而男性店員則要體現出紳士風度，手勢要稍微誇張一點，手向外推。同時，站姿要標準，身體不能傾斜。

②主動展示商品

在店員向顧客展示樣品等互動性的商務活動中，店員的服務禮儀非常重要。店員向顧客展示產品的過程是買賣雙方的社交過程，店員服務禮儀不到位，將對行銷活動產生消極的影響。因此，店員在導購過程要堅持「主動、積極、熱情」的原則。

③手勢眼神配合

銷售中要注重手勢和眼神的配合，同時還要觀察顧客的反應。例如說指示給顧客某個固定的座位，說明之後，要用手勢引導，在固定的位置處加以停頓，同時觀察顧客有沒有理解。這個過程就體現出肢體語言的美。同時要說「請這邊坐」等敬語。

⑶送客離店的禮儀

①雙手奉上商品

成交後遞交商品給顧客時，注意要雙手奉上。應該也是左下右上，對方也可以左下右上，或者直接提走。注意到這些肢體語言的服務細節，能夠讓顧客感到對方一心為他著想，自己受到了尊重。

②結賬

在顧客結賬的時候，店員應該盡可能採取站立姿態。迎接顧客要站起來，收錢之後，坐下來把賬結完，然後再站起來，向顧客道謝，把發票和找給顧客的錢或者信用卡還給顧客。

③禮貌送別

送顧客離店的時候有規範的要求，要使用發自內心的敬語，諸如「謝謝您的光臨，請走好」。還要用肢體語言表示感謝，鞠躬的角度達到 30 度以表示衷心感激，然後迅速直起身體來，目送顧客離開。

④積極回訪

交易並不是一次做完就結束了，可以的話，應該積極回訪，回訪很重要。

營業繁忙時，店員可能會同時接待幾位顧客。這就要求店員做好接待安撫顧客的禮儀，顧客來到櫃台前有先有後，店員應按先後依次接待服務。在營業高峰時更應如此。做到「接一、顧二、看三」。即手上接待第一位顧客，眼睛照顧第二位顧客，嘴裏招呼第三位顧客，對其他顧客則微微點頭示意，安撫好對方的情緒。

4 賣場的服務語言管理

賣場作業人員每天要接待數以百計的顧客，都是依靠語言來與顧客溝通的，服務語言是否熱情、禮貌、準確、得體，將直接影響零售企業及自身的形象，同時也影響顧客的滿意程度。零售業必須加強賣場服務語言的管理，以提高賣場服務水準。

一、常用語言

⑴迎客時說「歡迎」、「您好」、「歡迎您的光臨」、「有什麼可以幫到您」等。

⑵對他人表示感謝時說「謝謝」、「謝謝您」、「謝謝您的幫忙」等。

⑶接受顧客的吩咐時說「聽明白了」、「看清楚了，請您放心」等。

⑷不能立即接待顧客時說「請您稍候」、「麻煩您等一下」、「我馬上就來」等。

⑸對在等候的顧客說「讓您久等了」、「對不起，讓你們等候多時了」等。

⑹打擾或給顧客帶來麻煩時說「對不起」、「實在對不起」、「打擾您了」、「給您添麻煩了」等。

⑺因失誤表示歉意時說「很抱歉」、「實在很抱歉」等。

⑻當顧客向你致謝時說「請別客氣」、「不用客氣」、「很高興為您

服務」、「這是我應該做的」等。

⑼當顧客向你致謙時說「沒有什麼」、「沒關係」、「算不了什麼」等。

⑽當你聽不清楚顧客問話時說「很對不起，我沒聽清，請重覆一遍好嗎」等。

⑾送客時說「再見，一路平安」、「再見，歡迎您下次再來」等。

⑿當你要打斷顧客的談話時說「對不起，我可以佔用一下您的時間嗎？」「對不起，耽擱您的時間了」等。

二、接待顧客的語言

1. 接待顧客時的尊敬語

⑴接待顧客時應說：「歡迎光臨」「謝謝惠顧」。

⑵不能立刻招呼客人時說:「對不起,請您稍候！」「好！馬上去！請您稍候。一會兒見。」

⑶讓客人等候時說：「對不起，讓您久等了。」「抱歉，讓您久等了。」「不好意思，讓您久等了！」

2. 拿商品給顧客看時的尊敬語

⑴拿商品給顧客看時說：「是這個嗎？請您看一看。」

⑵介紹商品時說：「我想，這個比較好。」

3. 將商品交給顧客時的尊敬語

⑴讓您久等了！

⑵謝謝！讓您久等了！

4. 收賬時的尊敬語

⑴結賬時說：「一共 800 元。」

⑵收了貨款後說：「收你 1000 元，請稍候一會兒。」

⑶找錢時說：「讓您久等了！找您 200 元。」

⑷當顧客指責貨款算錯時說：「實在抱歉，我立刻幫您查一下，請您稍候！」

⑸已確定沒有算錯時說：「讓您久等了，剛剛算過，收了 200 元沒有錯，能否請您再查一下。」

⑹找錯錢時說：「讓您久等了，實在對不起，是我們算錯了，請您原諒。」

5. 送客時的尊敬語

⑴謝謝您！

⑵請多多光臨！謝謝！

6. 請教顧客時的尊敬語

⑴問顧客姓名時說：「對不起？請問貴姓大名？」「對不起！請問是那一位？」

⑵問顧客住址時說：「對不起，請問府上何處？」「對不起，請您留下住址好嗎？」「對不起，改日登門拜訪，請問府上何處？」

7. 換商品的尊敬語

⑴替顧客換有問題的商品時說：「實在抱歉！馬上替您換(馬上替您修理)。」

⑵顧客想要換另一種商品時說：「沒有問題，請問您要那一種？」

8. 向顧客道歉時的尊敬語

⑴實在抱歉！

⑵給您添了許多麻煩，實在抱歉。

三、日常禮貌用語

在服務過程中，賣場作業人員在與顧客打交道時，要使用禮貌使用語言，其中使用最多的主要有：

- 您早！請問……！
- 早上好！對不起，麻煩您了！
- 謝謝！對不起，打擾您了。
- 您請坐！對不起，請教一下。
- 請原諒！對不起，讓您久等了。
- 請您稍候！請稍等，給您添麻煩了，謝謝！
- 您貴姓！沒關係，不用客氣。
- 請多多指教。晚上好！
- 請多關照。請您走好，再見！

四、招呼用語

招呼用語是接待顧客的「開頭話」。得體的招呼，加之熱情的態度，親切的語調，會給顧客良好的第一印象。賣場作業人員招呼顧客常用的禮貌語言有：

- 您好！先生。
- 小姐，您好！
- 小朋友，您好！
- 您要買點什麼？
- 歡迎您的光臨！

・請隨便參觀！
・您好！需要我幫忙嗎？
・您需要那種商品？我拿給您看。
・請稍等，我就來。
・您不買也沒關係，請隨便看看。
・麻煩您寄存手袋，請您管好自己的錢包和貴重物品。

五、介紹商品用語

賣場作業人員介紹商品，因商品的不同和顧客的差異，介紹的內容有所不同，但從服務效果上，應當有共同的要求，一般應做到「三要四不」。

三要：要達到介紹商品的目的，具體介紹商品的規格、性能、特點等，而不要一味地說「很好」、「很漂亮」；要通俗易懂，不能用難以理解、似是而非的語言；要實事求是，不能言過其實。

四不：不強加於人，如介紹服裝，不能說：「你穿著肯定漂亮，你就買了算了」；不用頂撞的語言，如顧客問：「那種顏色好看？」不可以說：「我怎麼知道你喜歡什麼顏色」；不用不恰當的比喻，不可以說：「你胖得像水桶」，可以說：「你的身材很高大」；不用諷刺責備的話，如：「我看你也買不起」。

介紹商品時常用的禮貌語言有：

・如果需要的話，我可以幫您參謀參謀。
・這幾個牌子的商品都不錯，請您看看。
・這種是新產品，您看可以嗎？
・這貨品規格、型號、款式都比較適合您，請試一試。

・您喜歡那一種，這裏有樣品，可以打開試試看。

・這種是進口產品，價格雖然貴一點，但質量好，功能多，許多顧客都喜歡買。

・這種商品做工精細，價格便宜，你看看是否喜歡。

・這兩種產品，一種是國產貨，一種是進口貨，您比較一下，那種合適。

・這個品種還有幾個款式，您再看一下。

・這東西不耐高溫，使用時請注意。

・這種商品美觀實用，價格不高，買回去送朋友或自己用都挺好。

・這款式雖新潮，但不太適合您，我給您拿另一種吧。

六、答詢用語

賣場作業人員回答顧客詢問，要求熱情有禮，口齒清晰，語氣委婉。不論顧客提什麼樣的問題和要求，都不允許表情冷淡，有氣無力，或不懂裝懂，答非所問。回答顧客詢問常用的禮貌語言有：

・對不起，您要的商品暫時缺貨，方便的話，請留下姓名和聯繫電話，一有貨馬上通知您，好嗎？

・這種商品過幾天到貨，請您抽空來看看。

・您需要的商品在××樓出售，請您到那兒去看看。

・收款台在那邊，請您到那邊去交款。

・對不起，我們商店不經營這種商品，請您到其他店看看吧。

・請放心，這種商品質量沒問題，還有一年保修期。

・對不起，這種商品最近調整了價格。

・這種衣料質地柔軟，不能用洗衣機洗。
・對不起，這個問題我還不太清楚，請您稍等一會兒，我去問一下。
・對不起，您的方言我聽不懂，請寫在便條上。
・您真有眼光，穿上它一定很漂亮。
・請放心，我們一定想辦法解決，然後打電話通知您。

七、收找款用語

賣場作業人員收款、找款時要求唱收唱付，吐字清晰，交付清楚。找回的貨款要遞送顧客手中，不允許扔、摔或重放。收、找款時常用的禮貌語言有：

・您這是×××元錢。
・找您×××元錢，請收好，謝謝！
・您買的商品一共×××元，收您××元錢，找回您×××元，請點一下。
・對不起，這是××元，還差×元，請您再點一下。
・您給我的這是 100 元×張，50 元×元，一共×××元，對嗎？
・對不起，沒有零錢找您，您有×元×角嗎？

八、包紮商品用語

在包紮商品過程中，賣場作業人員要關照顧客應注意的事項，商品包紮完畢應雙手遞給顧客，不允許將商品放在一邊了事，或是將包裝的塑膠袋遞給顧客就不管了。在包紮商品時常用的禮貌語言有：

・請稍候，我幫您包紮好。

・請您點一下數量，我幫您用禮品袋裝好。

・商品包紮好了，請您拿好。

・這東西易碎，請注意不要碰撞。

・這東西有異味，請您不要與其他商品放在一起。

・來，我幫您將東西放進手提袋。

・用這種紙袋裝商品合適，可以避免折疊。

・請您拿好，不要倒置。

九、道歉用語

賣場作業人員使用道歉用語時應態度誠懇，語言溫和，用自己的誠心實意取得顧客的諒解。不允許推託責任，也不允許得理不讓人，更不允許陰陽怪氣地戲弄顧客。道歉時常用的禮貌語言有：

・對不起，讓您久等了。

・請稍等一會兒，我給您換一下。

・對不起，我拿錯了，您要的是那一種，我再拿給您。

・非常抱歉，剛才是我說錯了，請原諒。

・不好意思，讓您多跑一趟。

・對不起，這個問題一時解決不了，請您多多包涵。

・您的意見很對，是我們工作的疏忽，特意向您道歉。

・非常抱歉，這是商品質量的問題，我們馬上解決。

・非常抱歉，是我搞錯了，耽誤了您的時間。

十、調解用語

如果顧客與賣場人員發生矛盾，就應進行調解。

調解時要求態度和氣，語言婉轉，站在顧客的角度去考慮問題，虛心聽取顧客意見，多做自我批評，自我檢討。不允許互相袒護，互相推諉，強詞奪理，儘量不使矛盾激化。調解時常用的禮貌語言有：

- 對不起，都是我不好，請多多諒解。
- 先生(小姐)，真對不起，這位作業人員是新來的，業務還不熟悉，請原諒，您需要什麼，我來幫您。
- 對不起，是我們沒有唱收唱付，出了差錯，給您添麻煩了。
- 我是×××(自我介紹身份)，您有什麼意見對我說好嗎？
- 實在對不起，剛才那位作業人員態度不好，我向您道歉，今後我們要加強教育。
- 兩位都是來買東西的，碰撞一下也難免，請不要爭吵，互相諒解下好嗎？
- 對不起，您先消消氣，我叫那位員工給您賠禮道歉。
- 我們的服務措施還不夠完善，給您帶來不便，請多多原諒。
- 這是我們的電話號碼，如果您在購物方面有不滿意的地方，請打電話來投訴。
- 非常感謝您給我們公司提出寶貴意見，這是對我們的關心。

十一、解釋用語

當顧客提出要求無法滿足，當工作中出現了某些問題時，應當對顧客進行解釋。

零售賣場作業人員解釋時要誠懇、和藹、耐心、細緻。語言得體委婉，以理服人，不能用生硬、刺激、過頭的語言傷害顧客，不能漫不經心，對顧客不負責任。解釋時常用的禮貌語言有：

- 實在對不起，按公司的規定這種服裝不能試穿，我來幫您量一下好嗎？
- 請原諒，按規定這種商品不能試用，如果試用會影響再出售。
- 這雙鞋已超過了保退保換期，按規定我們只能為您修理，請原諒。
- 對不起，按規定，已出售的食品、衛生用品，若不屬於質量問題，是不能退換的。
- 先生(小姐)，您這件商品已經買了幾個月了，沒有保持原樣，您請到質量跟蹤站鑑定一下，如確屬質量問題，包退包換。
- 實在對不起，由於我們工作疏忽造成差錯，這是多收您的××元錢，請原諒。
- 對不起，請您稍候，讓我們先核對一下賬貨款。
- 對不起，讓您久等了，經核實，我們沒有少找您錢。
- 請大家諒解，這位同志要趕車，讓他先買好嗎？
- 實在對不起，您購買的商品只能預約明天送貨，請您耐心地等一下。

十二、道別用語

顧客買完商品離開櫃台時，賣場作業人員要有禮貌的道別，這樣能使顧客心情愉快，增加滿意感，並留下深刻美好印象。道別時常用的禮貌語言有：

- 謝謝，歡迎下次再來，再見！
- 商品包完了，您拿好，慢走！
- 謝謝，歡迎再次惠顧。
- 這是您的物品，請拿好，多謝！
- 您買的東西多，請注意拿好。
- 您還需要什麼，請到其他櫃台看看，再見。

5 賣場的推薦商品

儘管現在許多零售企業賣場一般都為自助式購物，但面對琳琅滿目、價格不一的商品，顧客往往不知所措，他/她們往往需要導購服務，而賣場導購人員只有在適當的時機向顧客提供導購服務，顧客才不會對導購服務產生誤解，認為是在監督他/她們，把他/她們當賊防。

一、推薦商品的基本要領

1.導購的基本態度

⑴不管買不買東西，當看到顧客出現在自己的作業區域時，要肅立，以自然明朗的表情不斷地注視著顧客，寄予關心。

⑵自己的作業區域沒有顧客來到時，要隨時注意有無顧客，留心整理貨架，思考陳列方法和商品結構，學習商品知識。不要隨便離開售貨處。

⑶在賣場做其他工作時，要不斷地注意有無顧客。如有顧客到來時，馬上停止其他工作。隨時準備對顧客進行導購服務。

⑷有顧客到來，正做其他工作不能立刻騰出手來時，要立即通知有空閒的其他導購員。

⑸禁止動作：

・導購員聚集在一個地方站著；

・眼瞪著顧客；

・一邊看著顧客，一邊又說又笑；

・在顧客來到之前，大聲說話；

・對顧客不關心，愣愣地站在那裏；

・靠著貨櫃、柱子或衣架旁。

・將手插在衣兜裏，或抱著胳臂、倒背著手。

2.與顧客答對的要點

⑴看到顧客時，必須把視線注視顧客，面帶笑容，雙手下垂，兩腳並立，點頭致意。

⑵顧客視線離開商品尋找導購員並走近跟前時，視線注視著顧客

的面孔，面帶笑容的問候：「您來了。」

⑶看到熟悉的顧客時，親熱地笑臉相迎，快步走近顧客，在距離兩、三步遠時，輕輕地點頭示禮、問候。再說一些和顧客融洽的話。

⑷使用符合顧客情況的語言。

①好天氣的日子，說：「今天天氣真是舒適」(加上與顧客對答的話)。

②壞天氣的日子，說：「在雨(雪、大風)中您特意來這兒，實在感謝您！」(加上與顧客對答的話)。

③經常來的老顧客又來買東西時，以親近的態度詢問上次所買東西的情況：「前幾天承蒙您照顧來買東西，實在感謝，東西的樣子怎麼樣呀？」

④瞭解了顧客的興趣時，如說：「最近您去釣魚了嗎？」(就顧客的興趣談話，可以增加親密的感情)。

⑤瞭解了顧客的情況時，如說：「前幾天您去旅行怎麼樣啊？」「您的小姐要結婚啦，恭喜！要買什麼東西的話，您只管吩咐就是了。」(關於舉辦婚禮的一切需要，應主動向顧客介紹、建議，進行推銷)。

3.導購繁忙時的要點

⑴導購繁忙，正在接待顧客中，有人招呼時，放下手裏的事，將視線轉向顧客，以讓他等候深感抱歉的表情，輕輕在點頭致意，並說：「是，您來了，現在正談著，請您稍等一下。」

⑵有閑著的導購員時，向閑著的導購員打招呼：「××，請照顧一下××顧客。」

⑶等待的顧客詢問時，趕快走近顧客，在距兩、三步前，眼睛看著顧客的臉，以讓他久等表示抱歉的態度，懇切地問候：「您來了，

讓您久等了。」

⑷正做其他工作，聽到顧客招呼時，停止手裏的工作，視線轉向顧客，面帶笑容，輕輕點頭致意，一邊回答：「是，您來了。」一邊快步走近顧客。

⑸導購員本身在所屬以外的其他售貨處買東西，顧客來招呼時，暫時停止自己買東西，轉向顧客：「您來了。」在知道的範圍內，主動地為顧客服務。

⑹不能回答顧客的詢問時，將視線看著顧客的臉，以不能對顧客有所幫助感到很抱歉的心情，向顧客解釋：「實在對不起，因為我不是這個售貨處的，所以不太清楚。我去叫負責人員，請您稍等一下。」馬上尋找該售貨處的導購員，說明有顧客到來，待得到肯定答覆以後，迅速返回顧客那裏，請顧客再稍等一會兒。

⑺外國顧客打招呼時，可用以下英語，請顧客稍等：「我能幫你些什麼呢？」「請原諒，我不會說英語。」「我去叫一個會英語的來，請等一會。」並馬上帶領一個懂得外語的導購員來，對顧客具體地介紹商品，然後請懂外語的導購員向顧客轉達。

⑻禁止動作：

- 雖有人打招呼也不馬上回答。
- 有人招呼時，懶懶地、慢條斯理地走到跟前；招呼後，十秒鐘內不能走到跟前。
- 由於服裝、語言等在態度上對顧客表示出差別對待。

二、展示商品

1. 詢問顧客要買什麼商品

⑴顧客沒有特地指出商品時，導購員以要幫助顧客買東西的表情，一邊微笑著，一邊親切地招呼，如：「您想買一件毛衣嗎？」聽取顧客的反應。

注意顧客的眼和手的動作、表情，掌握著適宜的時機，將顧客想要買的商品名稱告訴他。

⑵當顧客看商品時，應將顧客觀看的附近的商品，儘快取出兩件左右，一邊望著顧客的臉，一邊用兩手拿給他看。要心情愉快地拿商品讓顧客看，並笑容滿面地對他講：「這件東西您看怎麼樣？」

⑶當顧客手裏拿著商品時，導購員可以微笑著向顧客簡要地介紹商品特點，如：「這裏的短外套是純棉的，含棉百分之百，穿著非常舒服，再過些日子正好穿用。」同時把商品調換到較容易取得的位置上。

⑷顧客指名要商品時，立即回答：「是，知道了。」面帶笑容，輕輕點頭示意，速將指明的商品取出，兩手拿著請顧客看：「是這個商品嗎？請您看吧！」

2. 請顧客觀看商品

⑴顧客對所看的商品不滿意時，迅速選出別的商品，雙手拿給顧客看：

「那麼這個商品您看怎麼樣啊？」和顏悅色地向顧客介紹，使顧客感到愉快。

⑵顧客希望導購員幫助挑選商品時，要挑選兩、三種最合適的商

品，雙手拿給顧客看，以易懂的話懇切地針對顧客的不同情況恰當地介紹商品的特點。從談話的內容中，推測顧客的希望，推薦不貴也不賤的中等價格的商品給他觀看。至於顏色、花樣可從顧客的衣著與攜帶的東西來判斷。

3.為顧客尋找商品

顧客希望買的商品沒有時，賣場作業人員應注意以下事項：

(1)為尋找顧客需要的商品而要離開時，以耽誤了顧客的時間而感到抱歉的心情對顧客講：「真對不起，我到倉庫找找看，請稍等一下。」輕輕點點頭行禮，快步走向倉庫，如有顧客需要的商品，兩手拿著，急速折回。

(2)顧客希望買的商品在倉庫裏找到返回現場時，以實在太好了的表情，快步走到跟前，雙手拿給顧客看，並說：「讓您久等了，這個東西您看好嗎？」

(3)顧客希望買的商品倉庫裏也沒有時，可以告訴顧客：「因為要和採購部門聯繫，請您稍等一下。」輕輕地點頭示意，並立即用加急電話聯繫。

(4)與採購部門聯繫上了的時候，要清楚顧客希望買的商品有沒有以及進貨的日期。

(5)當瞭解顧客希望買的商品入庫日期時，首先向顧客道歉：「太對不起您了。現在偏巧沒有貨，預定××日進貨；如果來得及，貨一到，馬上和您聯繫，請告訴我聯繫的地點。」詢問並記下顧客的姓名、住址和電話號碼。

(6)與採購部門聯繫不上時，要對顧客表示歉意：「太對不起您了。現在與採購部（科）聯繫不上，若是著急的話，我是××售貨處的××，請留下姓名和聯繫地點，以後找到就和您聯繫，您看怎樣？」

以後如果知道商品入庫情況，自己負責馬上告訴顧客。

4. 推薦展示商品

⑴有較好的商品向顧客推薦時，顧客雖然特意到我們商店來，但是需要的商品都沒有，以對不起的心情向顧客道歉，以很想做些有益於顧客的事，即便是少一點也行的表情，試圖向顧客推薦同類商品：「這種商品與您指定的多少有些不同，您看怎樣？商品質量和性能都很好。」

⑵對推薦的商品顧客不滿意時，以未能滿足顧客的希望與要求，實在抱歉的心情，深深地表示歉意，並以下次一定努力做到的心情，請多照顧：「儘管您特意來此，但對您沒有幫助，實在對不起，還請您多多照顧。」

⑶顧客需要的商品沒有進貨，對推薦的商品不滿意時，要表示抱歉，並詢問採購部門能否購進：「實在對不起，我們沒從那裏進貨，能否買到，得問採購部了，請稍等一下。」

⑷採購部門能購進顧客希望買到的商品時，可告訴顧客：「現在尚未辦理進貨，採購部門能購進此貨，預定××日進貨，一到貨，即與您聯繫。請將聯繫地址告訴我。」將能進貨的日期告訴顧客，並問清聯繫地址。

⑸無法採購顧客希望買的商品時，要說明沒有進貨的原因：「實在對不住您了，因為您指定的物品，通過特別管道銷售，我們不能進貨。如果是××商店的話，則有可能辦理。對未能幫助表示道歉。今後請多多照顧。」請求諒解。可能的話，告訴顧客辦理此項業務的商品名稱，並再次表示歉意，請今後仍多多光顧。

5. 展示商品的嚴格禁止動作

(1)用一隻手拿著商品讓顧客看。

(2)慢條斯理地拿出商品。

(3)拿出商品後，一聲不響地遞到顧客面前。

(4)由於買的商品金額小，表現出厭惡的態度。

(5)無計劃地把商品一個個地拿出，堆起來給顧客看。

(6)粗暴地回答顧客提出的問題。

(7)對顧客的話潑冷水，如說：「那對你不合適。」

(8)說聲「商品賣完了」，便表現了非常冷淡的態度。

三、推薦商品

顧客手拿商品觀看時，要趁機積極推薦。作為一個賣場作業人員，應當充分地運用自己所掌握的全部商品知識和生活知識，滿懷信心地從商品的原材料、設計、花樣、性能及用途等各個角度向顧客說明其優越性，在聽取反應的同時，積極向顧客推薦。

(1)顧客拿幾個商品對比挑選時，要從與顧客的談話中推測顧客喜歡什麼樣的商品，選擇最適合顧客需要的商品，熱情地介紹其優異性，積極向顧客推薦。

(2)向顧客推薦別的商品。為了在顧客自己已經選好的商品裏再增添點商品，可以再推薦顧客觀看其他的商品，並聽取反應。

(3)顧客已經選好合適的商品時，由於實在太合適了，可以讚美的口氣對顧客說：「非常合適。非常好！」表示除此以外，沒有更好的商品向顧客推薦了。

(4)價格便宜，顧客對商品表示不放心時，可以加以解釋，如：「我們努力把好的商品的價格稍微降低一點，雖說是價格便宜，但是質量未變。這裏的商品很受顧客歡迎。」

⑸由於價格高顧客在考慮時，開始不要以「不貴」來否定它，可就商品的材料、設計、色彩、花樣、性能等方面，說明其價值在價格之上。先說明價格是貴了些，再說明質量和設計的高超，這樣能給顧客留下好印象。

⑹從商店方面看有特別想推薦的商品時，必須滿懷信心地詳細說明和積極推薦。這就要求平時充分地掌握商品知識，對零售企業的專用商標商品、直接進口的商品以及只有零售企業才出售的商品，都要好好記住。

⑺顧客沈默地考慮時，注意不要妨礙顧客的思考，同時要有信心的推薦。

⑻顧客徵求意見時，抱著促使顧客下決心的誠意對他講：「這象您所說的那樣，特別合適。」同時加上一句起作用的話。

⑼顧客遲遲下不了決心時，體察顧客對那個商品想知道點什麼，在作了充分說明之後，滿懷信心地加上一句推薦的話。特別是將顧客關心的事項(顏色、原材料)有重點地介紹，是一種好方法。

⑽顧客決定購買商品時，將顧客決定購買的商品，雙手拿著，說：「是這個吧，實在感謝。」核實無誤，以感謝的心情，輕輕地點頭行禮致謝。

⑾推薦有關聯的商品。對相互有關聯的商品的情報知識要廣泛地學習，盡可能地推銷有關聯的商品。如：「與這裏的短外套相配的同一花樣的圍巾，您看怎麼樣？」

⑿詢問有無其他事情時，態度上不要勉強，要順著顧客的心意，問一問有沒有忘記什麼。如：「另外，還有什麼事沒有？」

⒀禁止動作：

①不好好地回答。

②勉勉強強地介紹，好像誰強迫似的。

③說什麼「人各有所好」，不答理顧客。

④中途放棄顧客，中斷介紹。

⑤時間一長就表現出不耐煩的態度。

⑥與顧客吵嘴。

⑦不分對象地介紹高級商品。

⑧介紹商品時，不能使顧客聽明白。

⑨儘管不知道卻隨便答覆。

第五章

賣場的安全管理

1 偷盜行為的控制

顧客偷竊是造成商品損耗的主要原因，商場（超市）各級人員要對顧客偷竊有著清晰的瞭解，並採取各種必要的措施進行防範。

⑴顧客偷竊的幾種常用方法。隨身夾帶、皮包（購物袋）夾帶、高價低標（換標籤）、偷吃、換穿、換包裝。

⑵易發生偷竊的場所。賣場的死角、看不見的場所、現場無工作人員的地方、上下電梯的地方、照明較暗的場所、通道狹小的場所、管理較亂及商品陳列較亂的場所、試衣間。

⑶易發生偷竊的時間和季節。

· 中午、下午工作人員就餐的時間及現場無管理人員的時間。

· 節假日購物顧客較多的時間。

· 晚上營業結束前的一段時間。

· 收銀台等候結賬人員較多的一段時間。

⑷易被偷竊的物品。

· 食品類(休閒食品為主)：巧克力、口香糖、奶粉、散裝牛肉乾、開心果等。

· 非食品類(日用品為主)：洗髮水、霜膏、高檔牙膏牙刷、內衣、襪子、衛生巾等。

· 生鮮類：鮮肉、墨魚乾、各種包裝或散裝臘製品。

⑸失竊的方式

第一種是隨身隱藏，這種現象比較常見，顧客將商品隱藏在衣服內帶走；第二種是高價低標，即顧客將低價商品的條碼更換到高價商品上；第三種是偷樑換柱，這種現象是顧客將高價商品裝入低價商品的包裝內。以低價商品的價格來結賬；第四種是蒙混過關，即顧客將商品隱藏到隱蔽處的商品內，例如購買皮包時將其他商品隱藏在皮包內。

統計數據表明，不論是百貨商場還是超市，開架銷售店中最容易丟失的商品種類主要集中在化妝品、洗髮用品、香煙、膠捲、電池、巧克力這類價格較高或方便攜帶的商品。這類商品的丟失約佔到商場損失的 50%～70%左右。所以，如果是負責這些產品櫃台的店員就必須提高警惕。

⑹根據經驗總結出的小偷跡象。

· 衣著寬大不合適的人。

· 走路不自然，略顯臃腫的人。

· 拿著商品相互比較的人。

· 折疊商品、壓縮商品體積的人。

· 東張西望，觀察週圍環境比挑選商品還細緻的人。

表 5-1-1　顧客偷竊行為防範流程

流程名稱	詳細解讀
① 人員的教育培訓	a. 每天應不定時進行防損安全廣播，特別是高峰期，提醒顧客應注意的購物安全和規定，以及公開防損部門的調動資訊，以此在賣場造成一種氣氛，培養顧客控損文化，無形之中可扼制一些有不良行為的人偷竊意識 b. 在店面的工作會議上，防損部門負責人應將平時工作發現的一些防損方面的新情況、新問題提出來進行討論，並達成共識，以此提高廣大員工的防損意識
② 商品陳列控制	a. 賣場前部的陳列不應擋住收銀員投向賣場及顧客流動區域的視線 b. 口香糖、巧克力及其他體積小價值高且吸引人的商品，必須放在收銀員看得到或者偷竊者不便於隱藏的地方 c. 由於季節的變化而易失竊的商品，應該將這些商品的擺放位置進行調整，這些商品通常應陳列在貨架的端頭附近
③防盜處理	對有條件的商品進行防盜處理，合理投放防盜標籤，如針織品、包裝盒食品，為防止因顧客拆開包裝損壞商品，可用膠帶進行加固，並提示「請勿拆開包裝」
④巡視檢查	a. 加強對賣場各部門包括聯營櫃組、倉庫的巡視檢查與管理，不允許非工作人員進入 b. 不定時對垃圾箱、衛生間以及盲點區域進行檢查，建立賣場盲區巡視檢查表，看是否有丟棄的空包裝、價格標籤

超市可實行「防損巡視簽到表」，參與巡視的防損人員應當在巡視工作結束後，在該表中簽字。所有巡視人員均應簽字。表中應簡要記錄巡視基本情況以及異常事件。

1. 偷盜嫌疑人的處理

偷盜嫌疑人不代表一定在偷盜，對發現的偷盜嫌疑人，商場必須謹慎處理，以避免「冤枉好人」而造成不必要的糾紛。

表 5-1-2　偷盜嫌疑人的處理流程

流程名稱	詳細解讀
①禮貌對待	捉拿時必須有兩人一起，抓獲小偷要有一人作證，也避免反抗，可禮貌地問「我們是××的防損員，請問您是不是有什麼東西忘記了付款」或者「我們是……有些事我們需要澄清一下，請您配合」，如對方不配合可繼續講「您身上的××商品是否忘記了付款」
②合理強制	如小偷拒絕合作，可採取合理的強制手段，但一定要通知其他防損員配合，提防小偷行兇逃跑
③帶離現場	迅速將小偷帶到辦公室，防止顧客圍觀，並做到前引後隨，看住雙手，迅速通知領班負責處理，現場需要有兩人以上負責在場看守，遇有女性時需要有女員工在場
④認定事件性質	注意禮貌詢問，動員小偷主動拿出贓物，切勿搜身，確實沒有作案的，要對其做到認錯快、道歉快，並做好備忘錄，贓物已轉移或隱蔽較深的要多方瞭解，仔細分析
⑤決定處理方式	首先做好調查記錄，讓顧客填寫「異常購物情況記錄」並簽名，願意接受賠償的可按商場(超市)規定自己處理，不要對未成年人直接處罰，應通知其家長或監護人再作處理，如不願接受賠償或態度比較惡劣的以及有暴力傾向的人一律移交公安機關處理
⑥資訊發佈	未經防損部門主管的書面同意和授權，任何人不得對其他部門和外界發佈資訊和接受採訪，當有人向你提問時，你只能說「請與我們上級聯繫」

2. 被盜物品的管理

被盜物品一旦被追回，就要做好處理工作，如登記、統計等，以及時恢復其銷售價值。

表 5-1-3　被盜物品的管理流程

流程名稱	詳細解讀
①登記	因處理偷竊事件所產生的暫扣物品，必須在《異常購物情況記錄》上進行登記，並將暫扣物品交領班保管
②偷竊處理	顧客偷竊的商品，按以上程序進行登記，並在事發當日由主管負責返還賣場各部門，並由接收部門負責人簽收
③統計	每月對被盜物品進行統計，總結出被盜物品的特徵，以便進行管理

表 5-1-4　對「特殊」過失行為人處理流程

流程名稱	詳細解讀
①對老人偷盜的處理	老人的偷盜行為，一般來說佔小便宜的心理較多，偷盜的商品多為小商品，價格不高，如味精、鹽、胡椒粉等，對其處理方法如下： a. 對於老人的偷盜行為，處理時方法一定要妥當、週全 b. 首先要考慮到其年紀大、身體狀況不好，同時切忌在言語上給其製造刺激，以免造成精神傷害 c. 發現偷盜時要婉言制止，在其即將得逞前，制止其過失
②對孕婦偷盜的處理	對孕婦的偷盜行為，首先要確定其是否為孕婦，是正常顧客還是團夥慣偷，要區別對待： a. 對於團夥、慣偷應立即上報，採取統一措施，打擊盜竊行為 b. 如是顧客有佔便宜心理，應以制止、提醒、教育為主
③對小孩偷盜的處理	a. 對於未成年人，有不良行為或違法行為時，就及時制止並進行批評教育 b. 如果有背後指使者，發現後立即上報相關管理人員和當地警察機關

3. 對「特殊」過失行為人的處理

特殊過失行為人包括老人、孕婦、小孩等，商場應對這些人做好處理工作，如表 5-1-4。

4.團夥偷盜行為的防範

偷盜團夥通常每次 5～6 人共同作案，手法專業、分工明確，有專門負責引開店員的、專門把風的和專門作案的，每次偷盜的金額特別巨大。團夥的主要目標商品是日化霜膏、口香糖、高檔聽裝奶粉、高檔巧克力系列等。

表 5-1-5　團夥偷盜行為的防範流程

流程名稱	詳細解讀
①劃分責任	將重點排面進行責任劃分，責任落實到人，做到定人定崗，確保重點排面不空崗，對月盤點的損耗，責任人應承擔一定管理責任
②加強培訓	每月進行一次全員防損意識和防損技能培訓
③設立專門收銀台	a.對重點商品進行跟蹤銷售，重點商品區域設立專櫃收銀台 b.員工要養成顧客購物後主動帶顧客結賬的習慣
④減少陳列	a.結合商場（超市）銷售情況，對重點易竊商品適當減少排面的陳列量（如奶粉、巧克力等），部份零散商品可進行墊高處理 b.所有口香糖系列可將包裝盒用雙面膠粘在貨架上，單層陳列，避免整鍋端
⑤加強檢查	a.對能夠投放防盜標籤的重點商品，必須100%投放到位 b.每週至少檢查兩次重點易竊商品的防盜扣、軟標等是否有鬆動或脫落 c.對防盜扣的投放進行檢查

2 要防範顧客偷竊

零售業賣場面積越來越大，由於大多數零售企業實行的是開架售貨、顧客自助式的銷售方式，它帶給對消費者便利的服務之外，也使顧客偷竊案件的數量直線上升。

⑴顧客的偷竊行為與手段

· 利用衣服、提包等藏匿商品，不付賬帶出賣場。

· 更換商品包裝，用低價購買高價的商品。

· 在大包裝商品中，藏匿其他小包裝的商品。

· 未付賬白吃賣場中的商品。

· 撕毀商品的標籤或更換標籤，達到少付款的目的。

· 盜竊團夥的集體盜竊活動。

⑵防範顧客偷竊的安全設施

· 在賣場中設置錄影監測系統。該種方法效果不錯，但費用較高。要注意慣偷可能學會躲開視眼進行犯罪，如冒充身穿制服的警衛。一些零售賣場還使用有真有假的攝影機安裝、有效的阻礙系統，來達到降低成本的目的。

· 設置電子感測器。這是一種新式、有效的防範系統。超級市場在商品中夾帶磁片，顧客購買交款時為其消磁，出口處設有磁感應裝置。

· 安裝窺孔。安裝窺孔成本高，但在容易發生問題的特定區域裏使用效果較佳。

・安裝凸鏡。零售賣場員工通過凸鏡可以對可疑的偷竊者進行監視，但後者也可以偷看前者，趁營業員不注意時，再開始偷竊。

・設立身穿制服的警衛。在出入口處安排警衛，效果較好。可一旦被職業偷竊者觀察到了該警衛的習慣後，效果就會減弱。

・設立便衣警衛。他們比制服警衛更有效，但如果被職業偷竊者識別出他們的身份，其優勢就不復存在了。

・在商店牆壁上張貼某些防止偷竊活動的國家法律規定的信號，可能會具有驚嚇初犯者的效果，但對於偷竊經驗豐富的慣犯則毫無用處。甚至有資料顯示，安裝這些信號後，失竊案件反而有所增加。

・設置辦公櫃台區。裝有單面鏡子利用管理人員或保衛人員進行監視的辦公櫃台區，因整天值班，成本較高，但被證明是非常有效的。

・可以懸掛有關鼓勵顧客檢舉的標語。然而現代人的公眾意識較為淡漠，畏懼偷竊者報復的心理嚴重。可提高檢舉獎金額，嚴格遵循為檢舉者保密原則。

(3)防範顧客偷竊的基本技巧

・禁止顧客攜帶大型背包和提袋進入賣場，應規勸他們將其放入存包處。

・顧客如攜帶小型背包和提袋進入賣場時要留意他們的行為。

・檢查商品上的條碼，防止其脫落，以免給顧客留下可乘之機。

・把商品堆放整齊，這樣少了東西便會及時發現。

・要警惕各種混亂情形。職業偷竊者常結夥行動，借一人製造混亂之機，其他人則帶著商品偷偷溜走。

· 如果顧客在賣場內流覽邊吃食品時，應婉言規勸他們，並請他們到收銀台付款結算。

⑷保安人員防範顧客偷竊的技巧

保安員隨時觀察以下異常現象發現偷竊行為：

· 顧客表情緊張、慌張、異樣等。
· 購買商品時，不進行挑選，大量盲目地選購商品。
· 購買的商品明顯不符合顧客的身份或經濟實力。
· 在商店開場或閉場時，頻繁光顧貴重商品的區域。
· 在賣場中走動，不停東張西望或到比較隱蔽的角落。
· 拆商品的標籤，往大包裝的商品中放商品，撕掉防盜標籤或破壞商品標籤。
· 往身上、衣兜、提包中放商品。
· 幾個人同時聚集在貴重商品櫃台前，向同一售賣員要求購買商品。

⑸各部門員工防範顧客偷竊的技巧

防盜不僅僅是安全員和安全部的事情，也是所有員工的責任。賣場中要形成人人都是防盜員的風氣，人人都有很強的防盜意識，這樣顧客偷竊成功的機會會大大減少。

①發現可疑的顧客時，微笑著向顧客走過去，進行整理商品、清潔或補貨等，或主動同他打招呼，引起注意，從而制止犯罪。

②發現顧客已有盜竊的種種跡象時，應不動聲色地跟蹤，並立即通過電話、對講機或其他同事，報告給安全部，等待安全員來頂替，決不能當面質疑顧客。

3 營業結束後的安全管理

當天營業結束後，店鋪需要對營業款和相關單據進行整理和保管。在此過程中，保險櫃及店鋪鑰匙的管理至關重要。很多店鋪發生被盜事件都是由於對這兩者的管理不善造成的。

1. 保險櫃管理

固定資產管理者責任重大，店鋪經營者必須委託專人負責。僅以金庫設備管理為例，負責人不但要登記門店金庫設備的購入、調撥、使用和報廢情況，而且有義務保管與金庫設備相關的產品說明書、維保證明等附件。

金庫設備，主要包括金庫大門和金庫內的營業款保險櫃、備用金保險櫃。當金庫設備從生產廠家運送到店，金庫管理者須通知門店經營者等相關人員，並在後者的監督下當場對設備開封、檢查。檢查結果一律登記建檔，說明書、保修單等附件必須得到妥善保管。

金庫管理者的下一步工作是對設備進行初運轉實驗，提出設備鑰匙的分配方案，並與設備的初次使用狀況一同登記。登記單一式三份，分別交相關管理者留存。

隨後，金庫管理者定期對設備的日常使用、保管情況建賬存檔，供店鋪經營者進行不定期檢查。無論何時，一旦金庫內的設備發生故障，管理者應及時聯繫生產廠家和店長，確保故障在最短時間內得到排除。

金庫管理人員進行崗位更替時，店鋪經營者要仔細審核《金庫設備初次使用情況登記表》、《金庫設備管理情況表》和相應設備，確保萬無一失後方可批准交接事宜或離職申請。

此外，協助店鋪經營者制定金庫設備的使用規範也是金庫管理者的分內之事。

2. 鑰匙管理

越是規範的門店，其管理也必然越精細化。鑰匙的謹慎管理就是一個體現。為安全起見，金庫設備一般附有密碼鎖和明鎖等保險裝置。相關密碼由店鋪經營者設定，並且每季更換一次。每次的密碼修改情況都應記載。

對於營業款保險櫃密碼，店鋪經營者只能授權相關值班人員在存人營業款時使用。至於其他設備的密碼，店鋪經營者只可授權金庫管理人員和收銀組組長使用。若有知曉密碼之人離開工作崗位，店鋪經營者必須在當天修改密碼，並更新密碼管理的授權人名單。

另外，保險櫃、金庫大門的原有鑰匙和備份鑰匙都應編號。編號有利於日常管理，同時還降低了事後的責任追究難度。對於丟失鑰匙的員工，由店鋪經營者責令其照原價賠償，並可處以一定的處罰。若鑰匙因員工的過失而受損，責任人不能隨意丟棄或私自配新鑰匙，應將其上交相關管理者。

在通常情況下，備用金保險櫃的備用鑰匙須寄放於營業款保險櫃內，與其他金庫常用鑰匙(營業款保險箱鑰匙除外)共同由金庫管理者管理。如有需要，由店鋪經營者拿取備用鑰匙交給使用者。使用者及時歸還鑰匙後，店鋪經營者立即將鑰匙放回保險箱原處，然後由金庫管理者將整個過程如實記錄。

同時，金庫大門必須隨時處於鎖定狀態。金庫管理者上、下班時的固定任務即是檢查金庫大門是否上鎖，是否存在異狀。若店鋪經營者接到其報告的異常情況後，一定要立即到場查看。

值得注意的是，除了金庫鑰匙的保管，門店出入口大門、辦公室和收銀機等其他鑰匙的管理，同樣是安全管理中的重要部份。這些鑰匙經編號後，原配鑰匙一律放入專用箱，備用鑰匙由店鋪經營者負責保管，多餘的鑰匙必須封存在營業款保險櫃內。相關人員做好登記方可從專用箱中領取鑰匙作應急之用。

一些惡性事件雖然表面看起來是突發性的，但事實上其根源和環境早已存在，只是由於恰巧處在流程監測的「盲點」，未曾受到重視和及時解決，才最終擴大化。店鋪經營者如果能將安全管理流程化，並將安全管理細節做足，一定能最大限度地減少門店損失。

4 賣場損耗控制

損耗是指賣場中商品價值的損失。賣場中的損耗有許多種，如事故損耗、賬面損耗、商品損耗等。賣場損耗的控制，即為防損，它是指通過管理上的措施將商品的損失控制在正常的或較低的範圍之內。

一、賣場損耗的原因

造成賣場商品損耗的原因如下：

(1)自用品轉達使用流程執行不到位；

⑵未遵守先進先出原則，食品過期或變質；
⑶陳列不當、理貨不當，導致商品損壞；
⑷破包、破損商品未及時處理，又不能退貨；
⑸零星散貨、顧客遺棄商品因沒有及時收回造成損耗；
⑹價格標識錯誤，高價商品低價售出造成損耗；
⑺衛生用品被拆包後導致無法銷售；
⑻供應商在收貨時帶走商品；
⑼因滯銷等原因導致商品降價處理；
⑽叉車沒有安全操作，損壞商品；
⑾商品收貨時點數錯誤，未能更正；
⑿貪污贈品或贈品發放錯誤；
⒀收銀員沒有將購物車內所有商品逐一掃描；
⒁小件商品被盜率過高；
⒂員工內盜和顧客偷盜；
⒃清潔人員偷用清潔用具、用品；
⒄顧客在賣場隨意吃東西，特別是小孩；
⒅老鼠咬壞商品等。

二、員工通道的損耗控制

⑴檢查考勤。檢查員工的上下班考勤、工作餐考勤，員工進出是否按規定執行考勤制度，有無未打卡或未登記、請人代打卡、替代人打卡等違規事件；

⑵檢查員工進出是否符合規定。非上下班、工作餐的員工進出是否有管理層的批准，登記員工的進出時間；

⑶禁止員工攜帶物品進入賣場。員工是否將私人物品帶入賣場，如屬於必須帶入賣場的物品，是否已進行登記處理；

⑷防止員工偷盜商品。員工是否盜竊公司財物，是否將禁止帶出賣場的物品帶出，特別是防盜門報警的時候；

⑸接待店外的來訪人員。對外來的來訪人員進行電話證實、登記、檢查攜帶物品等；

⑹對攜帶出賣場的物品進行檢查。對所有在本通道攜帶出的物品進行檢查。檢查提包人員的提包，判斷提包中物品是否屬於個人所有，屬於賣場的物品是否有管理層的批准等；

⑺外來人員進入賣場要進行登記，除指定的財務人員，不准帶包進入賣場，必須攜帶物品出入的，應辦理登記手續，出來時需主動示包，接受安全人員檢查；

⑻所有當班員工（含場內促銷人員）在工作時間內，必須且只能從賣場的員工通道出入（特別授權者或授權崗位者除外）；

⑼所有進出人員都必須主動配合安全人員的安全檢查，自動打開提包與衣袋，接受檢查，尤其是防盜電子門報警或在安全人員提出檢查的要求時，要給予配合。

三、出入口的損耗控制

⑴禁止所有員工在上班時間內從賣場入口處出入；

⑵所在顧客進場秩序良好，無擁擠現象；

⑶屬於會員制的賣場，檢查入場顧客的會員證；

⑷超過尺寸的提包，提醒顧客進行寄存後才能入場；

⑸顧客不能將與本賣場類似的、一樣的或難以區別的商品從入口

帶入賣場，要進行寄存後才能入場；

⑹保證顧客遵守其他的入場購物規定，如不能帶寵物等；

⑺雨雪天氣，入口處是否已經鋪設防滑墊，是否分發雨傘袋給顧客等，大風天氣是否已經放下擋風簾等；

⑻出口處應設立電子防盜門系統，這是賣場防損的重要措施；

⑼出口處設立安全防損員，在營業時間內實行不間斷的值班；

⑽出口處防損控制的重點在於正確、快速、滿意地解決防盜報警問題，同時維護好出口處的顧客秩序，保證所有顧客能從進口進，出口出；

⑾當系統報警時，不能認定就是商品被偷竊，每一位顧客都是清白的，除非已經掌握確鑿的證據；

⑿當系統報警時，安全防損員要迅速趕到報警現場，必須具備熱情、微笑、得體的態度服務顧客，不能因為自己的態度、表情、語言、行為不當得罪顧客，引起糾紛和賠償；

⒀堅決避免與顧客在門口發生爭執，不能影響其他顧客的正常通過，不能引起堵塞和圍觀。

四、特殊商品的損耗控制

特殊商品是賣場中比較容易引起損耗的商品，他們要麼是高單價的商品，或是包裝很小容易引起偷盜的那一類商品，或是比較貴但又很刺激人消費的商品。商品的防損措施如表 5-4-1：

表 5-4-1　特殊商品的防損措施

品　項	出現的問題	控制重點
貴重酒類	被盜、包裝損壞	感應標籤、台賬、櫃台鎖、監視系統
貴重保健禮品	被盜、包裝損壞、掉包	感應標籤、監視系統
香煙類	包裝拆散被盜	人員監管、監視系統
貴重化妝品	被盜	試用品管理、感應標籤、台賬、櫃台鎖、監視系統
精品百貨	被盜、退貨	試用品管理、感應標籤、台賬、退換貨
小家電	被盜、包裝丟失、配件不齊	櫃台鎖、監視系統、商品管理
電池	被盜	自用品管理、監視系統、人員管理
小糖果	被盜、包裝損壞、包裝拆散被盜	商品管理、人監管
各種小文具	被盜、包裝損壞、包裝拆散被盜	商品管理、人員監管
進口嬰幼兒奶粉	被盜	人員監管、監視系統、感應商標
衛生用品	被盜、汙損、拆包、退貨	人員監管、試衣間管理、退貨

5 賣場保安作業

賣場保安作業是一項特殊的工作，它既是一種保衛工作，又是一種特殊的服務工作，不僅要負責實施對賣場的保衛工作，即防盜，而且還要實施對賣場的安全工作，即防火、防災等工作。

1. 處理顧客偷竊的作業

處理顧客偷竊的作業程序如下：

⑴抓獲嫌疑人員。強調證據，禮貌詢問。

⑵帶離營業現場。前引後隨，避開危險商品。

⑶專人負責處理。選定固定的安全場所，兩個人以上，女嫌疑人必須有女保安在場。

⑷認定事件性質。禮貌對待，動員嫌疑人自己拿出贓物，切勿搜身。

⑸責令書面檢討或誤抓的善後處理。誤抓後一定要認錯快、道歉快、補償快，做好備忘錄，不留後遺症。

⑹決定處理方式。限時查證，根據界限確定處理方式。

⑺送交治安機關或零售企業自己處理。情節特別輕微的，要求留下真實姓名，願意接受處罰的可由零售企業自己處理。不要對未成年人進行直接處罰，要通知家長。未成年人罰款控制在被竊商品價格的1～5 倍，成年人控制在 5～10 倍。情節嚴重的、慣犯要送交治安機關處理。

(8)統一入冊登記，注意及時、清晰、完整、保密。

(9)定期匯總上報治安協會，由專人負責。

2.處理供應商偷盜的作業

①供應商偷盜的處理程序：

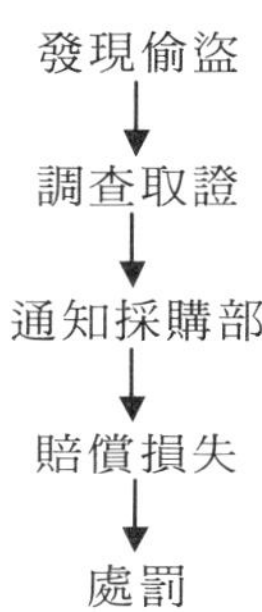

②程序解釋：

· 發現偷盜：由收貨部、安全人員或樓面人員發現供應商偷盜；

· 調查取證：安全部對事件進行調查取證，特別是供應商現場偷竊人員的書面對證；

· 通知採購部：把有關的材料證據提交到採購部；

· 賠償損失：由安全部提出賠償的數額，由採購部進行執行；

· 處罰：凡是發生偷盜現象的供應商，可考慮與其中斷合作關係，並要求對因此而給超市造成的預計損失進行賠償。

③供應商偷盜的處罰：

· 供應商罰/賠償。

· 對已經造成的損失進行賠償。

· 對其行為進行罰款處理。

· 對因此而中斷合作關係而造成賣場的未來的預計損失，進行賠償。

3. 處理員工偷竊的作業

處理員工偷竊的作業程序如下：

⑴發現內盜現象

通過內部舉報、監控系統提供資料、安全員的監控等手段發現內盜現象。

⑵證據取證

根據內盜現象，進一步進行證據的核實、取證。

⑶確定當事人

確定盜竊的當事人，包括盜竊的執行者、協助者、策劃者等。

⑷談話記錄

與盜竊的當事人進行談話記錄，當面確認其盜竊行為，並深究其犯罪的原因與動機，並對該當事人的不良行為進行在檔記錄。

⑸處罰處理

根據盜竊的性質，決定相應的處罰。

4. 保安作業的要點

保安作業的要點主要包括安全檢查作業要點、治安災害事故預防作業要點、聚眾鬥毆處理作業要點、保護盜竊現場作業要點、營業區保安作業要點、停車及「計程車」載客管理作業要點和突發事件管理作業要點等。

⑴安全檢查作業要點

安全檢查的形式和方法有各種各樣。從檢查的時間上分，有節、假日檢查，季節性檢查和定期檢查。從檢驗範圍上分，有自我檢查、聯合檢查、互相檢查和不定期的抽查等。

開展安全檢查的程序，有 4 個階段。一是準備階段，組織檢查力量，制定檢查計劃、目的、要求、檢查方法。二是檢查階段，按照檢查的目的要求，深入被檢單位，以看、聽、問的方法進行認真細緻的檢查。三是整改階段，對發現的隱患、漏洞和不安全因素，研究整改措施，及時解決。四是總結階段，寫出檢查報告，報告上級領導，備案存查，對檢查中發現的重大問題及時解決。

⑵治安災害事故預防作業要點

①宣傳教育。要利用各種機會，採取各種形式，向店員進行教育，提高店員維護和遵守規章制度的自覺性，保證安全。

②主管和店員認真落實安全責任制，做好安全防範工作，切實防止治安災害事故的發生。

③堅持安全檢查，堵塞漏洞。要定期或不定期的對管區公共場所易燃、易爆、危險物品和「五防」安全防範工作進行安全檢查，發現不安全的問題，應及時協同有關部門加以解決。

④及時總結零售企業各部門的預防治安災害事故的經驗，對好的部門和個人給予表揚和獎勵。對已經發生的治安災害事故，要認真查清事故的原因，判明事故性質，對製造破壞事故的犯罪分子要嚴厲打擊，對怠忽職守的直接肇事者要報告上級，分清情況給予處理。

⑶聚眾鬥毆處理作業要點

成幫結夥聚眾鬥毆，對零售企業危害很大，一旦發現和發生這類事件，就要採取果斷措施處理解決。其辦法是：

①抓住苗頭，及早發現，解決在萌芽階段。凡是成幫結夥聚眾鬥毆的，總是事前互相串聯，糾集人馬，準備工具或約定鬥毆時間、地點，這些前兆只要我們在日常工作中注意收集、觀察，把耳目搞靈，事先是可以發現的。發現有聚眾鬥毆的跡象，就要迅速組織力量，加強防範，掌握動向，及時做好充分瓦解和疏散工作，把事件消滅在萌芽之中。

②發生這類事件，要立即報告，迅速組織人員趕赴現場，及時制止。對未鬥毆起來的要驅散，對正在鬥毆廝打的要責令或強制他們放下械具，停止武鬥，發現傷者，要及時送往醫院搶救治療。

③聚眾鬥毆事件平息後，應留住雙方事主，並組織人員對參加鬥毆的逐個登記，逐個進行調查核實，查清鬥毆原因，進行調解，或送交治安機關處理。

⑷保護盜竊現場作業要點

盜竊現場的保護方法，除在週邊現場設崗，不准無關人員進入外，重點是保護好犯罪分子經過的通道、爬越的窗戶、打開的箱櫃、抽屜等，現場保護人員不准從犯罪分子進出通道通行。對被打開或破壞的鎖頭，爬越的院牆和窗戶，盜取財物的箱櫃、抽屜都要妥善保持原狀，以免留下新的痕跡，對撒落在地上的衣物、文件、紙張和作案工具等物品，一律不准接觸和移動。還要注意現場週圍有無犯罪分子徘徊逗留、坐臥的地方以及車輛或其他運輸工具等痕跡，如有也要加以保護。

⑸營業區保安作業要點

①掌握活動於商場範圍的客人動態，維護商場區域的秩序，注意發現可疑情況，並及時報告。

②重點保護珠寶櫃、銀行、古董櫃等。

③提高警惕，防止以購物為由進行扒竊、盜竊或詐騙財物。

④收銀員應認真驗證鈔票、信用卡，防止使用假貨幣、假信用卡套購、詐騙。

⑤營業櫃內商品(包括展示陳列商品)由本櫃營業員負責保護，原則上「誰主管，誰負責」。

⑥保安員無特殊情況不得進入營業櫃內。發生案件，營業員應立

即上報部門主管和保安部，同時保護好現場。

⑦勸告消費者不要在商場區域內閒談聊天。

⑧對租賃商場從事經營活動的廠家或個人在進出貨物時，原則上在晚間 10：00 以後進行。否則，保安人員有權給予阻攔。

⑹突發事件管理作業要點

①保安部對火災等突發事件制定「應急處理方案」，在發生突發事件時，員工必須無條件地聽從總經理或有關領導的指揮調動。

②員工一旦發現可疑情況及各類違法犯罪分子的活動，有責任立即報告保安部。

③商場如發生偷竊、搶劫、兇殺或其他突發性事件，在報告保安部和治安機關的同時，及時保護好現場。除緊急搶救傷員外，不得進入現場。

④當治安、保安人員進行安全檢查和處理案件時，有關人員應積極配合，如實提供情況。

5.賣場內部保安作業

大部份零售企業在非作業時間內，並未安排人員留守。但是為了防止竊賊在夜間闖入竊取財物，通常會與保安公司合作，安裝保安系統。因此有必要對開、關門的作業加以規範，以確保賣場的夜間安全。有關的作業內容如下：

⑴開店必須由特定人員（如經理、副經理或其他管理人員）在規定的時間開（關）保安設施，本人在記錄簿上加以記錄並簽名，還必須附有至少兩位人員附屬簽名作為證明。

⑵開店後，當班主管應檢查正門入口、後門、金庫門及所有門窗有無異狀，要確保一切正常，沒有被破壞跡象。

⑶關店前後應做好以下事項：

①清點現金，檢查收銀機、金庫、經理室並且上鎖。

②除必要的電源外，其他不必要的電源應關掉，所有插頭也應拔起。

③檢查店內每一角落，包括倉庫、作業場、機房、員工休息室、廁所等。防止有人藏匿於店內。

④員工安全檢查。例如檢查員工撤離超市的手提袋及物品。

⑤開關門時應提高警覺，注意週圍有無可疑情況。

6.停車及計程車載客管理作業要點

①零售企業停車場的交通、治安、收費均為保安部負責，任何車輛的司機都應服從商場工作人員的管理。

②零售企業停車場是收費公共停車場，只提供泊車方便，不負責保管，凡佔泊位停車的車輛(排隊候客的計程車除外)均應照章交費，亂停亂放的車輛均酌情給予處理。

③保安部派崗，只有經考核結業並持有「調度證」的人員才有權對大堂前客人用車進行調度。

④計程車車輛應按指定位置排隊候客，不得亂停亂放或搶客拉客。

⑤嚴禁計程車司機使用商場內部電話或設施，商場工作人員有責任進行勸阻，勸阻不聽者可通知保安部處理。

⑥調度員、門童、行李員等不得與「計程車」司機攀拉關係、收受賄賂、提供方便，一經發現從嚴處理。

⑦凡違反商場規定的「計程車」司機，保安部將給予批評教育或處罰，直至宣佈為「不受歡迎的人」。

⑧保安員應維護好停車場的秩序，看護好停放的車輛，以防止損失。

⑨遇有重大活動時，停車場中的任何車輛都應避讓重大活動的車輛，確保活動的安全。

⑩車輛原則上均應辦理地下停車證件，租用車位泊車；凡在地面上停車，照章收費或請其辦理「臨時停車證」。制定停車場管理辦法、收費標準及範圍。

6 賣場的衛生管理要求

為建設出清潔、安全的現代化門店以及統一門店的環境衛生品質標準，制定本標準。店鋪經營者或衛生負責人負責按本標準對店員的清潔工作效果進行每日定時查看和每週全面檢查。

檢查結果須如實載入《衛生檢查表》。假如衛生情況不達標，店鋪經營者應當場要求改正，並酌情對責任人員進行處罰。店鋪衛生品質除應符合本標準外，應符合現行有關標準的規定。

一、基本要求

①室溫以 23℃ ±2℃為宜，過高過低時都應適當調節；

②店內嚴禁吸煙，空氣必須清新、宜人；

③背景音樂應時應景，舒緩、明快、不刺耳；

④燈光亮度必須適中，確保柔和、不刺眼；

⑤地板必須光亮、乾燥，保持無垃圾、無塵漬、無油漬、無痰漬

無雜物、無衛生死角的狀態，雨天有防滑標識牌；

⑥通道應保持暢通，不允許堆積任何物品，設備、貨架佈局合理，電源線綁紮整齊、不散亂，不妨礙人員行走；

⑦天花板、牆壁、立柱、通風口、管道、門窗、鏡子均無塵漬、無水跡、無印痕、無損壞、無蜘蛛網；

⑧花盆無垃圾、雜物，裝飾植物無污漬、無人摘折；

⑨指示牌、防煙門、防火圈閘門、消火栓箱的懸掛牌位置正確、高度適宜，並且無污漬、無遮罩；

⑩門店內不得擅自掛貼廣告、裝飾畫或釘釘子，海報只能掛貼在指定位置，宣傳單張貼在公告欄的適中位置，乾淨整齊、內容及時；

⑪證照、獎牌、獎盃等置於特定位置，同時保持整潔、美觀；

⑫門店的各類設施佈局合理，不得擅自改動；

⑬門店內不得有蠅蟲，各類衛生清潔工具擺放有序、性能完好、乾淨整齊；

⑭垃圾桶、紙簍清潔、無臭味、無積水、無汙跡、無溢出；

⑮喇叭、燈具等輔助設備運行正常，無異味、無灰塵。

二、營業區域衛生執行標準

①收銀台、服務台、存包櫃台等各項設施保持潔淨、無垃圾、無污漬、無雜物；

②貨架、櫃台等陳列道具要保持原色、乾淨、無刮痕、無銹蝕、無刺角、無積塵、無油蹟、無蛛網；

③貨架上的標識牌和價格牌應完好無損、醒目、整潔、無捲邊、無透明膠纏繞，與商品準確對應，並且相關資訊準確無誤、書寫規範；

④商品分類陳列，做好防蠅、防塵、防鼠和防潮等工作；

⑤除試用品以外的商品必須完好無損，而且乾淨衛生、擺放整齊、拿取方便；

⑥試用品用完及時歸類還原。

三、盥洗區域衛生執行標準

①整個盥洗室內採光、照明和通風良好，空氣清新，無惡臭；

②盥洗室內必須有可使用的鏡子、掛衣鉤、洗手液、烘手器和沖水設備等用品；

③盥洗室內不得亂堆雜物、亂曬衣物；

④地面保持乾淨，無污漬、紙屑；

⑤盥洗室門窗、天花板、鏡面、風口、燈飾和牆面應無塵、污漬、水漬、手印、皂液，無蛛網，無亂塗畫，內外牆應無剝落；

⑥牆身隔離板無污漬、痰漬、保持潔淨；

⑦洗手台面及洗手池保持無垃圾、無污漬、無積水的狀態，水龍頭無壞損或漏水現象；

⑧小便器、坐廁等設施無水銹、無尿垢、無積糞、無垃圾、基本無臭味，按鈕、水箱、水管無破損、無污漬、無塵漬，下水道保持順暢；

⑨清潔用具應整齊放在指定位置，工具櫃內必須清潔、乾燥；

⑩垃圾桶無污漬、無痰漬、無臭味、不溢出。

⑪每週用自來水和清潔劑擦洗水池、水箱、下水道以及其他設施；

⑫盥洗區專用拖把只得用於清潔盥洗室的地面；

⑬保潔工具使用過後必須清洗乾淨，應整齊擺放在專用地點，發

現壞損的工具立即清理；

⑭專用拖把必須在專用水桶內洗淨，禁止在便池、洗手池中清洗；

⑮透過掛貼標語牌等方式引導人們養成便後沖水的習慣；

⑯清潔人員每小時巡視 1 次，檢查各處是否達到標準，並在巡查登記卡上記錄檢查情況。

四、辦公區域衛生執行標準

①在員工辦公區內，桌面、資料櫃、地櫃等處的物品擺放有序，桌面乾淨衛生，桌面物品擺放整齊，不得擺放與辦公無關的物品；

②考勤卡應掛放在指定區域，並保持整潔；

③牆壁無塵、無污漬，地面保持乾淨、無污漬、無紙屑、無垃圾和煙蒂；

④沙發、桌椅、門板、隔板、窗戶、指示牌、電器以及電器開關等公共設備保持乾淨，無污漬、塵漬。

五、倉儲區域衛生執行標準

①老鼠夾、滅蠅燈、擋鼠板等防蠅、防塵、防鼠和防潮設施配備到位，並且不會對商品造成污染；

②倉庫內通風狀況良好；

③庫存商品分類、分區放置，並且無黴變、蟲蛀狀況。

④店門口的獎牌、旗杆、旗台、掛旗、氣球、橫幅、燈籠、遮陽傘等門店展示品應整潔、完好無損；

⑤門板、門框和屋簷下的鋁板必須無手印、無污漬；

⑥門口的衛生責任區內無流動商販，店外地面無垃圾、污水、污漬和雜物；

⑦燈箱必須清潔、明亮，無裂縫、無破損，店頭霓虹燈的所有燈管均完好無損；

⑧停車場乾淨、無油污、無雜物，各式車輛有序停放在專門的停車區域；

⑨送貨車在收貨區週邊有序停靠，等待卸貨；

⑩排水溝無垃圾、雜物堵塞，溝底無積沙現象；

⑪綠化帶裏的植物修剪整齊，無塵、無積水、無枯葉、無垃圾雜物、無人畜糞便；

⑫休閒椅、休閒桌、自動售貨機、遊樂設施、自動取款機等便民設備保持無污漬、無塵漬、無雜物；

⑬指示牌、標示牌、路沿石、防蚊蠅設施、垃圾箱、路燈等公共設施均無明顯污漬。

六、營業區域衛生執行標準

①冷氣機夏天製冷，冬天送風，確保溫度保持在 23℃±2℃；

②定期檢查燈管，發現壞的及時更換；

③基礎設施必須根據運轉狀況進行定期檢查、保養和清潔，設施表面不得貼附、塗寫無關文字、圖表，以便保持清潔和光亮；

④設備電源線必須整齊綁紮，公用電話話筒必須放到位；

⑤門店每月為牆面、頂棚、燈具等其他附屬裝置除塵；

⑥時時注意保護牆面，不得往牆上亂劃、亂張貼、亂釘釘子；

⑦海報、公告等宣傳物由專人負責監督與管理，如有脫落、破損

應立即加固或撤換，任何人不得私自拿取、損壞宣傳品或者其他資料；

⑧各部門員工負責在營業前後完成各自部門的貨架、台櫃、隔板、商品及作業工具的清潔，營業後對商品及作業工具進行整理、歸類，清潔時不能用硬物刮、擦；

⑨所有商品必須以乾毛巾擦拭乾淨後方可上架，塑膠包裝瓶表面若有污漬，用中性洗潔精清潔，但注意保證商標貼紙的完好；

⑩商品必須按陳列要求陳列，並定期檢查陳列方式是否整齊、安全及方便拿取；

⑪發現掉落的商品應立即撿起擺回原位；

⑫每月至少用濕毛巾擦拭商品一次，如有污漬用中性洗潔精清洗，清潔時將商品盛放在購物籃中；

⑬補貨時，禁止拋、摔或腳踏商品；

⑭商品排面調整後，及時更新標籤牌；

⑮店鋪內的購物籃要每半月進行一次清洗、檢查和維修；

⑯門店在清潔過程中，若遇到個人無法清除的污漬，應立即通知相關負責人；

⑰設備、工具借用或使用完畢須立即歸還到指定位置；

⑱店員負有引導消費者維護環境衛生的任務。

七、辦公區域衛生執行標準

①沙發、座椅、電器開關、指示牌、辦公台面、文件櫃、電腦、顯示器、電話、木制門、窗框、窗台、茶几、茶水間等公共設備定期打掃除塵，出現故障應及時報修；

②個人辦公區的鑰匙由個人妥善保管，如有丟失，責任人到門店

管理處領取備用鑰匙，配好新鑰匙後及時歸還備用鑰匙；

③資料櫃鑰匙由專人負責保管；

④資料櫃、地櫃等處的物品擺放整齊，不得亂堆亂放；

⑤熱水器、飲水機定期由衛生值日人員清潔；

⑥辦公桌隨時整理，桌面上不得擺放與辦公無關的物品；

⑦通知、公告等文件資料必須經過管理者的審查後，方可貼在辦公區公告欄內；

⑧店員必須維護公告欄的整潔，不經相關管理者的批准不得拿取張貼的文件資料，更不得將其損壞；

⑨下班後，工作人員對個人辦公桌及週邊區域環境進行整理、清潔。

八、倉儲區域衛生執行標準

①貨物到倉庫後，倉管員將其卸至墊板上，檢查外包裝有無損壞，如有損壞應立即報告；

②若外包裝完整無損，倉管員對外包裝進行統一清潔，用吸塵器吸去外包裝的灰塵，頑固污漬應用毛巾擦拭乾淨；

③將外包裝清潔完畢後，方可將貨物入庫，存放在指定區域；

④倉管員定期對在庫貨物進行除塵處理和保全處理；

⑤倉管員採取措施防止齧齒動物、鳥、昆蟲等有害動物透過門窗、管道及破洞進入倉庫，危害庫存品；

⑥每半年對倉儲區進行一次大掃除，並查出庫存品受齧齒動物、害蟲的滋擾程度。

九、廢棄物處理執行標準

①所有店員見到店內出現廢棄物，應在不影響營業的前提下，隨時撿起丟入裝垃圾的容器；

②顧客遺留的雜物應即時處理；

③茶渣等應倒在指定位置，禁止倒入水池，以便保證下水道的順暢；

④廢棄的封箱紙、條碼紙、標價貼等廢棄品必須隨時清理，避免堆積；

⑤廢棄的紙箱應拆平，並折疊放置於指定地點，以便減少佔地空間；

⑥垃圾車、手推車等不得橫向佔道；

⑦垃圾筒必須套垃圾袋、帶垃圾蓋；

⑧垃圾容器每日至少檢查兩次，一旦內裝垃圾超出 2/3，必須紮緊垃圾袋，並立即運走。

十、店外環境清潔執行標準

①對櫥窗、門面、招牌以及宣傳設備、設備定期清潔；

②雨天、雪天在門口鋪設毯子或墊板，放置擱傘筐，雨後要及時擦乾休息椅椅面；

③門前台階、空曠地、人行道路每天清洗一次，禁止佔道維修、污染場地、亂堆物品和建築材料；

④禁止在電杆、行道及公用設施上亂貼廣告、亂刻亂畫、拴繩掛

牌、晾曬物品；

⑤送貨人員、車輛按序進出，裝卸作業完成後，及時清掃場地；

⑥店員及時疏通車流，維持門店週邊良好的交通秩序；

⑦定期清潔綠化帶，去除雜物並保養植物。

十一、員工個人清潔執行標準

①店員必須勤換衣服、勤洗澡、勤理髮，不得留長指甲，務必保證個人衛生和著裝整潔；

②店員禁止在門店內從事吸煙、進食、隨地吐痰、挖耳朵等與工作無關的活動。

7 賣場的衛生管理流程

衛生工作包括對門前、營業區域、展示區域以及倉庫的清潔、整理工作。

一些零售店的衛生管理弊病多，衛生制度不健全，店員的衛生意識也較淡薄。走進這些店內往往能看到有空閒聊卻無心清潔的店員和雜亂的店內陳設，一些隱蔽之處更是藏汙納垢、不堪入目。這樣的店鋪縱使投入再多的裝修費用，設備配置再齊全，也不能給人留下好感。

店鋪經營者大可借鑑麥當勞、肯德基的衛生值日制度，然後在店內進行包乾區分配，並落實每區的責任人，最後為店員安排值班表。

衛生管理是門店的基礎管理工作，擁有一套完善的流程尤為重要。

表 5-7-1　某化妝品店檢查表

檢查項目		檢查標準	考核結果	
			達標	不達標
店外	天花板	無灰塵、膠印、蜘蛛網，無雜物懸掛		
	包柱、燈箱片、橫幅	張貼平整，無灰塵、變形、變色，無亮膠印和小廣告		
	櫥窗	清潔明亮，不得張貼任何廣告(如公司的招聘類廣告應統一貼在右下角)		
	門口燈具	無灰塵、蜘蛛網，無脫落且均能正常使用		
	燈箱、招牌	無透明膠、明顯水痕、汙跡，無灰塵、蜘蛛網，無雜物遮擋		
	玻璃門	清潔明亮，門框無灰塵、污漬、蜘蛛網、亮膠，玻璃門上應貼有防撞條且無殘缺		
	冷氣機外機、外置音箱	無灰塵、蜘蛛網、污漬、小廣告，不放置拖布、水盆、抹布及其他遮蓋物		
	門口地面	乾淨無小廣告、紙屑、口香糖及其他污漬；台階定時清潔，縱切面無污漬；必須保持乾爽無安全隱患(小石子、積水等)		
店內	風幕機	外部及扇頁無灰塵、污漬、雜物		
	天花板	無灰塵、膠印、蜘蛛網、未使用的圖釘、亮膠、釣魚線等		
	地板及其夾縫	無膠印、污漬、垃圾、頭髮，必須保持乾爽無安全隱患，未使用的地插應絕緣封閉		

續表

店內	宣傳及裝飾品	無過期變色破損捲翹，無蔫氣球，且粘掛整齊		
	頂燈、燈罩、貨櫃燈	無脫落，無蚊蟲屍體、蜘蛛網、灰塵，每個燈均能正常使用，線頭不外露		
	冷氣機（含露出管道）	外部無灰塵、污漬，扇葉、過濾網無灰塵		
	店內音樂	按公司要求播放，店內音樂停止時間不得超過5分鐘（12：00～14：00停止播放，節假日、活動期間除外）		
	POS機及其配件	無污漬、紙屑、灰塵，設備完好		
	電話機、刷卡器	無污漬、灰塵，設備完好		
	收銀台	台面擺放整齊，無灰塵、廢舊收銀條等雜物（★信譽標誌放在顧客不能拿到的地方）		
	飲水機	無污漬、水垢，接水盤無污水，飲水機上不放置任何物品，廢紙杯及時清理，出水口、水桶座乾淨、無污漬		
	播放音樂系列設備	無灰塵、膠印、蜘蛛網，能正常使用		
	垃圾筒	外殼乾淨，套有垃圾袋（註：不外露），無異味、溢出、隔夜垃圾		

續表

店內	吧凳、桌椅	安全無隱患，乾淨無破損，桌上備煙灰缸並保持乾淨，未使用時吧凳保持最低高度		
	儀容鏡、化妝鏡	鏡面乾淨、明亮，無汙跡、膠印，邊緣無灰塵		
	鈦金	乾淨明亮、無印痕，無捲翹		
	滅火器	無灰塵、污漬，氣壓正常；每個人會正確使用滅火器		
	開關、插座	無灰塵、汙跡，無破損，能正常使用		
	植物	無枯黃植物，無煙頭紙屑等，花盆及底盤乾淨、無雜物		
	燈箱片	乾淨、無變色、脫落，無下線品牌燈箱片		
	降溫杯	無水垢、蚊蟲、青苔、破損，水位不低於杯子的1/2		
	鋁合金接線口	清潔明亮、無玻膠，夾縫處無灰塵及雜物		
陳列區	背櫃、開架及櫃門	無灰塵、蚊蟲屍體、膠印，無空櫃、空架現象，櫃門乾淨明亮、無破損，貨架底部夾縫處清潔、無雜物		
	玻櫃	櫃內外無污漬、乾淨明亮、無蚊蟲屍體，台面整齊無雜物		
	彩妝盒	無灰塵、水痕汙印、蚊蟲屍體		
	試用裝	展台乾淨整齊、無雜物，備有消毒用品；無過期、變質試用裝		
	彩妝工具	乾淨，無彩妝殘留物，擺放合理整齊		

續表

陳列區	商品標籤及標籤套	無膠印、灰塵、汙跡、字跡褪色、標籤套發黃、破損		
	存貨櫃	擺放整齊、合理、乾淨，(缺貨)試用裝及未用標籤與商品分開存放，無異味、黴變，不得放置食物		
	陳列	過季產品不陳列在顯眼位置，當季產品陳列飽滿且在顯眼位置；要求整齊、合理		
	掛鉤	商品掛鉤上應有掛鉤帽		
活動區域	庫房	商品、贈品分類整齊存放，且要考慮安全隱患		
	水槽	無積水、污漬，乾淨		
	毛巾	擦拭商品的毛巾清洗乾淨後要求與其他毛巾分開掛晾		
	清潔用具	掃帚和撮箕用後、拖布清洗後歸放在指定位置		
	蹲便器	乾淨，無污漬和異味；旁邊的垃圾桶有蓋子		
	微波爐、電磁爐	無灰塵、油漬、殘渣，用後斷電		
	沙袋	店內有下水管道的必備完好沙袋(大小各一)		
	地漏	排水通暢		

續表

儀容儀表	妝容	要求底妝遮蓋住面部黃氣、瑕疵，眉毛、眼影、眼線、睫毛膏、腮紅、唇彩(分季節隨時補塗)一樣都不能少		
	工裝	合體且全店統一，無破損、褶皺，無污漬，袖口、領口、袋口無發黃、發黑現象，佩戴的絲巾結頭或領花方向一致		
	紐扣	無殘缺且統一，所有縫補線顏色與工裝顏色一致		
	工裝褲	長短合適，長不拖地，短不露踝		
	鞋襪	黑色皮鞋或涼鞋要求乾淨，統一著肉色或黑色襪子		
	名牌	女員工佩戴於左胸肩部往下15釐米處，男員工佩戴於左袋口邊緣處，與袋口平行；要求端正、清潔，不得做任何修飾		
	頭髮	整齊乾淨，無頭屑、油膩現象，劉海不能遮住眉毛，短髮及捲髮必須用啫喱水造型，男員工禁止剃光頭、留鬍鬚，頭髮不能遮耳		
	指甲	修剪整齊，指甲內無污垢，指甲油無殘缺		
	裝飾物	不誇張，只允許佩戴項鏈、戒指、耳釘各一，手錶除外		
	口氣清新	飯後漱口，保持口腔清潔與清爽		

續表

服務態度	禮貌用語	歡迎光臨，請，謝謝，對不起，請慢走，對不起！讓您久等了！等		
	微笑、微笑服務	是否面帶微笑；是否有端水、送凳、送報等服務		
	收銀台服務	是否有使用禮貌用語，是否唱收唱付		
日常事務	晨會	要求每天必須進行晨歌、晨舞，專人進行儀容儀表檢查		
	資料知曉情況	當月當店總任務、當次任務及完成情況		
		當月個人任務及完成情況以及當月有獎銷售項目完成情況		
	書面文件	是否專人統一存放以及組織學習，「美樂之窗」是否每期保存一份		
	收銀對賬本	要求每日資料清晰準確，有雙方交接人簽字，長短款須註明		
	暢銷商品	要求店內有專用的暢銷商品分配及銷售記錄，並對危險商品做到每個員工都知曉		
	清潔	要求每月一次並備案（照片、書面記錄日期）		
	健康證	每人一證，保證在有效期內，必須放於店內統一管理		
安全必備	工具箱	必備電筒、錘子，要求有專用的箱子		
	醫藥箱	必備醫用酒精、創可貼，不能有過期藥品		
	清潔用具	必備乾拖布、乾毛巾、牙膏、牙刷		
	電話	本店員工必須知道設防電話及本店主管電話		
主管簽字確認				
崇尚貴族氣息，告別陋習，從我做起，再塑品牌形象！				

8 不要讓門店衛生留死角

不論是從重視顧客的感受上說，還是從維護自身的健康上來講，賣場都有責任時刻保持店面週邊及內部的清潔與衛生，建立清潔良好的店面環境。

賣場有義務保持店內作業場所環境衛生的整潔，遵守店鋪的衛生管理規定，配合清潔人員共同做好店鋪衛生，並且不能只關注表面上的衛生，還要徹底清除衛生死角。

⑴就餐區衛生要規範清潔

· 考勤卡應按區域劃分配，插放於指定位置，並注意保持整潔。
· 用餐後應將垃圾扔入垃圾桶。
· 茶渣等應倒在指定的垃圾桶內，不能倒入水池。
· 當班時間不得在就餐區休息、吃食物。

⑵更衣室衛生規範清潔

· 清潔地面。掃地、濕拖、擦抹牆腳、清潔衛生死角。
· 清潔浴室。用洗潔精配水洗擦地面和牆身；用布清潔門、牆頭；清潔洗手台、盆。
· 清潔員工洗手間。
· 清潔工衣櫃的櫃頂、櫃身。
· 室內衛生清潔。清理煙灰缸；打掃天花板，清潔冷氣機出風口；清潔地腳線、裝飾板、門、指示牌；打掃樓梯；拆洗窗簾布；

清倒垃圾，做好交接班工作。

⑶洗手間環境衛生規範清潔

· 所有清潔工序必須自上而下進行。

· 放水沖入一定量的清潔劑。

· 清除垃圾雜物，用清水洗淨垃圾並用抹布擦乾。

· 用除漬劑清除地膠墊和下水道口，清潔缸圈上的污垢和漬垢。

· 用清潔桶裝上低濃度的鹼性清潔劑徹底清潔地膠墊，不可在浴缸裏或臉盆裏洗。桶裏用過的水可在打掃下一個衛生間前倒入其廁內。

· 在鏡面上噴上玻璃清潔劑，並用抹布清潔。

· 用清水洗淨水箱，並用專備的擦杯布擦乾。煙缸上如有污漬，可用海綿塊蘸少許除漬劑清潔。

· 清潔臉盆和化妝台，如客人有物品放在台上，應小心移開，將台面抹淨後仍將其復位。

· 用海綿塊蘸少許中性清潔劑擦除臉盆鍍鋅件上的皂垢、水斑，並立即用乾抹布擦亮。禁止用毛巾作抹布。

⑷玻璃門窗、幕牆衛生規範清潔

玻璃門窗、幕牆清潔要達到的標準是：玻璃面上無汙跡、水跡；清潔後用紙巾擦拭。要達到這個標準，必須定期、有計劃地進行清潔，防止塵埃堆積，保持清潔。具體清潔方法如下：

· 先用刀片刮掉玻璃上的汙跡。

· 浸有玻璃清潔溶液的毛巾，然後用適當的力量按在玻璃頂端從上往下垂直洗抹，汙跡較重的地方重點抹。

· 去掉毛巾用玻璃刮，刮去玻璃表面的水分。一洗一刮連續進行，當玻璃接近地面時，可以把刮作橫向移動。作業時，注意防止玻璃刮的金屬部份刮花玻璃。

· 用無絨毛巾抹去玻璃框上的水珠。
· 最後用地拖拖乾地面上的污水。
· 高空作業時，應兩人作業並系好安全帶，戴好安全帽。

⑸燈具清潔操作規範

燈具清潔的目標是：清潔後的燈具無灰塵，燈具內無蚊蟲，燈蓋、燈罩明亮清潔。要達到這個標準，其清潔必須做到：

· 關閉電源，一手托起燈罩，一手拿螺絲刀，擰鬆燈罩的固定螺絲，取下燈罩。如果是清潔高空的燈具，則架好梯子，人站在梯上作業，但要注意安全，防止摔傷。
· 取下燈罩後，用濕抹布擦抹燈罩內外汙跡和蟲子，再用乾抹布抹乾水分。
· 將燈罩裝上，並用螺絲刀擰緊固定螺絲，但不要用力過大，防止損壞燈罩。
· 清潔燈管時，也應先關閉電源，打開蓋板，取下燈管，用抹布分別擦抹燈管及蓋板，然後重新裝好。

⑹手扶梯、電梯清潔操作規範

· 手扶梯：每天四次抹手扶梯表面及兩旁安全板，每天兩次踏腳板、梯級表面吸塵，每週一次扶手帶及兩旁安全板表面打蠟。
· 電梯：每天兩次掃淨及清擦電梯門表面，每天兩次抹淨電梯內壁、門及指示板，每天一次電梯天花板表面除塵，每天一次電梯門縫吸塵，每天一次抹淨電梯通風口及照明燈片，每週一次電梯表面塗上保護膜，遇有需要時應清理電梯槽底垃圾。

⑺店鋪室外地面清潔操作規範

店鋪室外地面清潔要達到的標準是：地面無雜物、積水，無明顯污漬、泥沙；果皮箱、垃圾桶外表無明顯汙跡，無垃圾粘附；沙井、明溝內無積水、無雜物；距宣傳牌、雕塑半米處目視無灰塵、汙跡。為達到此標準，必須堅持做到：

· 燈箱保持清潔、明亮，無裂縫、無破損。霓虹燈無壞損燈管。

· 幕牆內外玻璃每月清洗一次，保持光潔、明亮，無污漬、水跡。

· 旗杆、旗台應每天清潔，保持光潔無塵。

· 場外升掛的國旗、司旗每半個月清洗一次，每 3 個月更換一次，如有破損應立即更換。

· 場外掛旗、橫幅、燈籠、促銷車、陽傘等促銷氣氛展示物品應保持整潔，完好無損。

· 雨後應及時擦乾休息椅椅面。

· 發現污水、污漬、口痰，須在半小時內沖刷、清理乾淨。如地面粘有香口膠，要用鏟刀消除。

· 果皮箱、垃圾桶每天上、下午各清倒一次，並用長柄刷子沾水洗刷一次。

· 沙井、明溝每天揭開鐵蓋板徹底清理一次。

· 室外宣傳牌、雕塑每天用濕毛巾擦拭一次。

店鋪清潔環境的保持，不是一勞永逸的事，而是需要不斷地打掃，這是一個長期投入和監督的過程。除此之外，店面衛生重在保持，店員可以在容易產生髒汙的地方設置衛生提示牌警示店員、顧客，這樣也可以最大限度地維護良好的店面環境。

第六章

賣場的收銀與財務管理

1 誘導顧客付款前的衝動購買

1. 收銀台前小貨架陳列

這種陳列，是將商品陳列在與超市收銀台前相毗連的端頭處的方法。如果購買了商品，顧客一定會通過某個收銀台前。因此，這裏可以說是認知度很高的一等銷售區域。

日本有一個比喻：「收銀台前的口香糖。」口香糖的價格為 100 日元左右，屬於容易輕鬆購買的商品。存放時間久，且不會成為負擔。因此，當顧客排隊在收銀台支付時，容易誘發其衝動購買。

除此之外，還要陳列乾電池、打火機、香煙等同樣誘發衝動購買的商品。這絕對不是目的性購買，而是使顧客在收銀台前排隊時，看到後會放入購物籃的衝動性購買。例如，玩具店 Category Killer(在某種商品種類中，壓倒性地準備各種商品進行銷售的零售業)及 Toys

「R」Us 的收銀台前陳列著乾電池，這樣做可以防止顧客忘買。因為有很多玩具都以乾電池為電源。

此外，如果放置新商品和推薦商品等，認知度也會提高，從而創造出購買機會。因為，這裏也是季節性商品陳列的適當場所。

2. 為了讓孩子購買

也可以考慮將點心賣場設置在收銀台前，讓同媽媽一起來店的孩子購買。此時，要配合孩子視線，把貨架板設置得低一些。當媽媽透過收銀台時，孩子在該處拿取商品的概率就會變高。

此外，在便利店等地方，製作出小型購買(一點追加購物的意思)角，陳列 100 日元左右的價格不太高且容易拿取的點心類商品。這是在製造收銀台前最後一次衝動購買的機會。

3. 開放式陳列

開放式陳列是顧客可以自由拿取商品的陳列方法。實際上，由於顧客自身可以輕鬆地將商品拿到手上並進行 POP 的確認，店員的說明工作就可以省掉。

1930 年美國誕生了自助商店，採用了開放式陳列。而在此之前，一直都是櫃式陳列。如今，幾乎大部份零售店都開始採用開放式陳列，以自助或者購物自選的方式進行銷售。

事實上，這是一件具有劃時代意義的事件。在此之前的櫃式陳列時代，是一個沒有形成自由購物概念的時代。也就是說，存在著商店銷售無價格牌的商品這樣的思想。因此，也有過因顧客不同而價格不同的情況。從這個意義上說，開放式陳列也有「平等」的意味。

另外，開放式陳列是讓顧客自由地選擇商品直至購買，因此店員之間因服務品質的差異而產生的差距就會變小。

2 不要收銀疏忽而受損

案例中的收銀員因為違反了工作規程，沒有唱收，結果發生了無謂的損失。這類的案例生活中並不少見，收銀員工作非常辛苦，忙中就易出錯，因此一定要提高警惕。

在店鋪工作中，收銀是一個很重要的職位，也是一個很容易出問題的位置：收到假鈔、被盜、與顧客發生糾紛、在退款等事務中出現損失……為了避免出現不必要的損耗，店員一定要加強收銀知識技能學習，提高防範，做好收銀工作。收銀工作雖然是交易過程中的最後一步，但仍不能放鬆警惕。因為，往往是在這最後一步發生問題導致整個交易無法順利完成。

⑴不要讓假鈔有機會流入

收到顧客假鈔是收銀員最常遇到的問題，因此收銀員一定要增強自身識別假鈔的能力，認真檢驗大額鈔票。

還可借助儀器進行檢測，可用紫外光、放大鏡、磁性等簡便儀器對可疑票券進行多種檢測。如鑑定為假幣時，應立即通知或送交就近銀行，由銀行開據沒收憑證，予以沒收處理。如有追查線索的應及時報告，協助偵破。

⑵不要擅離收銀台

營業即將結束之時，店裏顧客稀少，收銀台前也冷清許多，此時有位中年男子在收銀台前購物結賬，收銀員按標籤打價，當打到冷凍商品時，發現標籤失落，該收銀員即進入專場查詢價格，離台時間大約 1 分鐘，當收銀員回到崗位時，發現那位中年男子已不知去向，收銀機票箱也打開著，放在左側的營業款全部被盜，損失 5000 餘元。

收銀員在工作時間內有事需離開收銀台時，在離開收銀台前，應將收銀櫃鎖好，鑰匙應隨身佩戴，向店長說明去向及時間，如在離開前有人結賬。收銀員不得離開。收銀員放鬆防範意識違反收銀作業紀律，離開收銀台機器不上鎖，就有可能造成重大的損失。

⑶做好自潔工作

①收銀員在營業時身上不可帶有現金，以免引起不必要的誤解和可能產生的公款私挪的現象。

②收銀員在進行收銀作業時，不可擅離收銀台，以免造成錢幣損失，或引起等候結算的顧客的不滿與抱怨。

③收銀員不可為自己的親朋好友結算收款，以免引起不必要的誤會和可能產生的收銀員利用收銀職務的方便，以低於原價的收款登錄至收銀機，以企業利益來圖利於他人私利，或可能產生的內外勾結的「偷盜」現象。

④在收銀台上，收銀員不可放置任何私人物品。因為收銀台上隨時都可能有顧客退貨的商品，或臨時決定不購買的商品，如果有私人物品也放在收銀台上，容易與這些商品混淆，引起誤會。

⑤收銀員不可任意打開收銀機抽屜查看數字和清點現金。隨意打開抽屜既會引人注目引發不安全因素，也會使人產生對收銀員營私舞弊的懷疑。

3 收銀作業的基本流程

賣場收銀作業的基本流程，可以分為每次收銀流程及每日收銀流程。

一、每次收銀流程

⑴輸入密碼。輸入收銀員上崗的密碼，收銀員只能用自己的密碼上崗。

⑵歡迎顧客。按公司的服務標準問候顧客。

⑶輸入顧客資料。如果屬於會員制商店，需要輸入顧客資料。

⑷掃描商品。逐一掃描顧客購買的商品。

⑸消磁商品。逐一將掃描後的商品進行消磁，包括消磁器消磁和人工消磁。

⑹裝袋/車。將已經消磁的商品按裝袋的原則與標準裝入相應的購物袋或放入購物車中。

⑺金額總計。付款金額總計，並告訴顧客應付款總額。

⑻收款確認。唱收顧客的錢款，如現金要進行假幣的辨認，如銀行卡付款，則執行銀行卡收款流程。

⑼找零。唱付顧客的零錢，或刷卡成功後或信用卡還給顧客，同時將收款小票遞給顧客，提醒顧客拿好商品。

⑽感謝顧客。對顧客予以感謝。

⑾服務下一位顧客。重覆以上程序，接待下一位顧客。

二、每日收銀流程

賣場收銀的區域範圍除了包括為顧客結賬的收銀櫃台之外，還有包裝台和服務台。每日收銀作業的內容包括：營業前的清潔整理、收銀機的設置與修理、核實商品的銷售價、收款作業、結算和工作後整理。其基本流程大體可分為營業前作業、營業中作業和營業後作業。

1. 營業前的收銀作業

賣場開始營業前，收銀員必須進行一系列準備工作，包括清潔整理收銀作業區、整理補充必備的物品、補充收銀台附近貨櫃的商品、準備好零錢、檢驗收銀機、收銀員服裝儀容檢查、熟記並確認當日特價品及晨會禮儀訓練等。其作業內容如下：

⑴清潔、整理收銀作業區。包括：

①收銀台、包裝台；

②收銀機；

③收銀櫃台四週的地板、垃圾桶；

④收銀台前頭櫃；

⑤購物車、籃放置處。

⑵整理、填充必備的物品。包括：

①購物袋(所有尺寸)、包裝紙；

②圓磁鐵、點鈔油；

③衛生筷子、吸管、湯匙；

④必要的各式記錄本及表單；

⑤膠帶、膠台；

⑥乾淨抹布；

⑦筆、便條紙、剪刀、釘書機、訂書針；

⑧統一發票、空白收銀條；

⑨鈴鍾或警鈴；

⑩「暫停結賬」牌。

⑶補充收銀台前頭櫃的商品。

⑷準備放在收銀機內的定額零錢。包括：

①各種幣值的紙鈔；

②各種幣值的硬幣。

⑸驗收銀機。包括：

①發票存根聯及收銀聯的裝置正確否，號碼是否相同；

②機內的程序設定和各項統計數值是否正確或歸零。

⑹收銀員服裝儀容的檢查。包括：

①制服是否整潔，且符合規定；

②是否佩戴識別證；

③髮型、儀容是否清爽、整潔。

⑺熟記並確認當日特價品、變更售價商品、促銷活動，以及重要商品所在位置。

⑻準備服務台出售的各種速食品或飲料，如可樂、爆玉米花。

⑼補充當期的特價單、宣傳單。

⑽準備當日的廣播稿。

⑾早會禮儀訓練。

2.營業中的收銀作業

在零售企業賣場營業中，收銀作業的主要內容是收銀與整理作業。具體如下：

⑴招呼顧客。

⑵為顧客提供結賬服務。

⑶為顧客提供商品入袋服務。

⑷特殊收銀作業處理：

①贈品兌換或贈送；

②現金抵用券或折價券的折現；

③點券或印花的贈送；

④折扣的處理。

⑸無顧客結賬時：

①整理及補充收銀台各項必備物品；

②整理購物車、籃；

③整理及補充收銀台前頭櫃的商品；

④兌換零錢；

⑤整理顧客的退貨；

⑥擦拭收銀櫃台，整理環境。

⑹收銀台的抽查作業。

⑺顧客作廢發票的處理。

⑻中間收款作業。

⑼保持收銀台及週圍環境的清潔。

⑽協助、指導新人及兼職人員。

⑾顧客詢問及抱怨處理。

⑿收銀員交班結算作業。

⒀單日營業總額結賬作業。

3. 營業後的收銀作業

零售企業賣場營業後，收銀作業的主要工作是結算事宜。具體內容包括清點現金、關閉收銀機電源、整理清潔收銀台週圍環境等。具體如下：

⑴整理作廢發票以及各種點券。

⑵結算營業總額。

⑶整理收銀台及週圍的環境。

⑷關閉收銀機電源並蓋上防塵套。

⑸擦拭購物車、籃，並定位。

⑹協助現場人員處理善後工作。

⑺清洗烹調速食的器具。

⑻關閉服務台收銀作業管理。

4　不要讓顧客在收銀台感到不舒服

收銀是整個購物環節的最後一道程序，收銀台是物流、資金流、人流、信息流的集中點，是物與錢的交換點。顧客到收銀處結賬付款，既是本次購買活動的結束，也是下次購買活動的開始。收銀店員做得好與壞，直接影響著公司的形象和超市的利潤。如果收銀員不注重服務技巧和細節，就會改變顧客愉悅的購物心性，繼而產生不滿甚至投訴。

在顧客結賬過程，為了確保結算的準確及高效，任何人不得隨意打擾收銀員的正常工作，特別是在購物高峰期時。作為收銀員來講，不得在為顧客結算到一半時，轉手去做其他的事，應該確保收銀工作的萬無一失。即使有意外緊急事情處理，也應事先跟顧客打招呼並取得顧客同意後方可進行，時間不能超過 3 分鐘，處理完事情，必須向顧客致歉。

⑴當顧客買了散裝大米或易碎商品，要求多套一個購物袋時，不要固執地堅持不給，禁忌對顧客講，公司規定不允許多拿或多浪費之類的話，要禮貌地對顧客說：「請支持環保，此購物袋能夠承受商品的重量。」當顧客強行索取時，要靈活處理，不可去頂撞顧客。

⑵禁忌有顧客排隊，直到自己台前沒有顧客方可下機。

⑶收銀時當顧客發現電腦價與標價不符時，首先要向顧客道歉，及時通知相關人員馬上查實處理，請顧客稍等，禁忌對顧客說：「不關我的事。你去找服務台。」

⑷如果顧客是用嬰兒車推著孩子，切忌太明顯地彎著腰勾著頭去檢查車子，這樣顧客很反感，要很自然地假裝去親近孩子，迅速檢查車內是否有商品，並說：「你的寶寶好可愛呀！」這樣做不但顧客不會覺得反感，反而會覺得很親切。

⑸當顧客產生誤解生氣時，禁忌為自己辯解，甚至指責顧客的不對，對顧客微笑回覆：「非常抱歉，讓你生氣了。」要禮貌地給顧客解釋，並迅速幫助顧客解決問題，如自己解決不了要通知領班處理。

⑹零錢是困擾每位收銀員的難題，我們要主動向顧客索要零錢，當顧客說沒有時，要快捷地結算，禁忌還纏著顧客說：「我都看到你有零錢。」或許顧客要留著零錢坐車呢。

⑺一定要調整好心情，要熱情微笑服務。可面對整容鏡練習，切不可繃著臉無精打采面對顧客，甚至將不良情緒發洩到顧客身上。

5 收銀結算作業規範

表 6-5-1　收銀結算作業規範

步　驟	收銀標準用語	配合的動作
1. 歡迎顧客	歡迎光臨	・面帶笑容，與顧客目光保持接觸 ・等待顧客將商品放在收銀台上 ・將收銀機的活動螢幕面向顧客
2. 商品登錄		・左手拿取商品，並找到其條碼，如沒有就找出其代碼 ・右手持掃描器，掃描商品的條碼，如無條碼，則輸入其代碼，以便正確地登錄在收銀機內 ・登錄完的商品須與未登錄的商品分開放置，避免混淆 ・檢查購物車底部是否還留有尚未結賬與未掃描登錄的商品
3. 結算商品總金額，並告知顧客	總共 XX 元	・將空購物籃從收銀台上拿開，疊放在一旁 ・若無他人協助裝袋工作時，收銀員可以趁顧客拿錢時，先行將商品裝袋，但在顧客拿現金付賬時，應立即停止手邊的工作
4. 收取顧客支付的金錢	唱票收您 XX 元	・確認顧客支付的金額，並檢查是否為假鈔 ・將顧客的現金以磁鐵壓在收銀機的磁片上 ・若顧客未付賬，應禮貌地重覆一次，不可表現不耐煩的態度
5. 找錢	唱票找您 XX 元	・找出正確的零錢 ・將大鈔放下面，零錢放上面；雙手將現金連同發票交給顧客 ・交易結束後，立刻將磁片上的現金放入收銀機的抽屜內並關上
6. 商品裝袋		・根據裝袋原則，將商品依序放入購物袋內
7. 真誠感謝	謝謝！歡迎再光臨	・一手提著購物袋交給顧客，另一手托著購物袋的底部。確定顧客拿穩後，才可將雙手放開 ・確定顧客沒有遺忘購物袋

收銀結算作業包括歡迎顧客、商品登記、收取顧客貨款、找錢、商品入袋以及送客等程序，其規範見表 6-5-1。

6 賣場收銀的排班管理

零售企業賣場的營業時間比較長，大致從早上 9 點到晚上 10 點，有的零售企業甚至會提早至早上 7 點半，晚上延時至午夜 12 點，中間沒有任何休息。一天營業 11～15 個小時，已超過一位員工的正常上班時數(8 小時)。因此，為了配合零售企業的營業時間，必須將賣場內現有的收銀員，依據店內的營業情況和收銀員個人的因素予以輪休安排，以為顧客提供最佳的服務。零售企業收銀作業排班可根據以下因素進行排定。

1. 根據營業時間的長短排班

營業時間的長短是排班的主要考慮因素之一。若營業時間為 11 個小時左右者，可安排 2 個班次；超過者，則可安排 3 班制。例如，營業時間為上午 9：00～22：00，可安排早班(上午 8：30～17：30)及晚班(13：30～22：30)；若營業時間為 7：30～22：00，可安排早班(上午 7：00～16：00)、中班(10：00～19：00)及晚班(13：30～22：30)。

2. 根據各時段的顧客數量排班

儘管在營業時間內，隨時都有顧客光臨，但是顧客通常集中在某幾個時段，也就是零售企業的高峰營業時間。例如：在辦公區的超級市場，中午的午餐時間和下午 4～7 時的下班時段人潮較多；而一般位於郊區的零售企業，在早上以及晚上新聞或電視連續劇結束之後也會出現一波人潮。

因此，在高峰時段必須安排較多的人手，以緩解顧客等待收銀結賬的壓力。例如：可增加中班人員(10：00～19：00 或 11：00～20：00)，以應付下班的購物人潮。

3. 根據節假日和促銷期排班

遇到週末、法定假日、寒暑假、民俗節慶或者是零售企業實施促銷計劃的期間，零售企業的營業狀況往往會比平日要好，不僅顧客人數較多，每個客人的平均購買金額也會較高。尤其在促銷期間，還必須配合贈送優惠券、印花或摸彩等活動。

因此，在特殊的時令或假期，必須在排班上做一些變動，或設法將收銀員的休假調開。

4. 考慮正式及兼職收銀員的人數比例

在安排班次及各班次的值班人數時，除了必須考慮上述 3 項因素以外，還要考慮現有的正式和兼職收銀員的人數。這不僅是編制的問題，還涉及人事成本的考慮，以符合零售企業的經營原則。

一般而言，正式收銀員皆經過完整的訓練，熟悉零售企業的整體收銀作業；而兼職人員只擔負了部份工作(結賬及裝袋服務)，工作時間也只有 4 個小時，大部份是由現場人員隨機指導。因此在排班時，每一班次都必須有正式人員值班，負責執行其他收銀作業、現金管理和特殊情況的處理等；在高峰時段或假日，則可彈性安排兼職人員，以配合營業需要。

在綜合權衡上述因素之後，收銀作業排班即可以一週或一個月為基準，排定「收銀人員排班表」，並張貼在公佈欄或打卡(簽到)處，以方便收銀人員查閱。

表 6-6-1 收銀人員排班表

班次	時　　間	人員	人數	備　　注
A1	8：00—12：00	兼職	3	無工作餐時間
B1	10：30—19：00	全職	10	有工作中餐時間 30 分鐘
A2	15：00—19：30	兼職	5	有工作晚餐時間 30 分鐘
A3	15：30—21：00	兼職	2	有工作晚餐時間 30 分鐘
B2	17：00—23：00	全職	10	有工作晚餐時間 30 分鐘

7 收銀包裝作業規範

收銀員在為顧客提供裝袋服務時，有以下規範：

⑴選擇合適尺寸的購物袋。

⑵不同性質的商品必須分開裝袋，例如生鮮與乾貨類、食品與化學用品、生食與熟食等。

⑶遵守裝袋程序內容如下：

①重、硬的商品放在袋底。

②正方形或長方形的商品放在袋子的兩側，作為支架。

③瓶裝及罐裝的商品放在中間。

④易碎品或較輕的商品放在上方。

⑷冷藏（凍）品、豆類製品、乳製品等容易出水的食品，肉、魚、蔬菜等容易滲漏流出汁液的商品，或是味道較為強烈的食品，應先用

其他購物袋包裝妥當之後再放入大的購物袋內。

⑸確定附有蓋子的物品都已經蓋緊。

⑹貨品不能高過袋口，避免顧客不方便提拿。

⑺確定公司的傳單及贈品已放入顧客的購物袋中。

⑻裝袋時應將不同客人的商品分清楚。

⑼體積過大的商品，可另外用繩子捆綁，方便提拿。

⑽提醒顧客帶走所有包裝好的購物袋，避免遺忘在收銀台上。

8 賣場現金的管理

對於「現金交易」的銷售行為，必須嚴加管制，尤其是賣場的「現金交易」行為，最容易產生弊端。

賣場的銷售，對於記錄現金銷售，應使用開具發票的收銀機，再與存貨管理相連結，形成控制；尤其在存貨管理上，若搭配科技工具(如收賬的掃描器、貨架上各商品的電腦條碼等)，不僅可控制「現金銷貨」可能的弊端，更能大幅提升公司經營績效。

賣場現金管理的工作重點如下：

⑴利用賣場的收銀機系統，建立稽核功能。收銀機固定於賣場的出入口，不可移動的特性，使現金管理更有效率；再者，收銀機上的銷售記錄，亦是設定人員的現金保管責任。在實務上，使用收銀機仍然有管理盲點，例如「無意或蓄意的輸入價格不對」等。針對「無意的錯誤」，此缺點可運用訓練加以克服；針對「蓄意的錯誤」，此缺點

之克服，在陳列品宜實施全面性的商品號碼，另再配合主管的不定時稽查收銀台的作業狀況。

⑵每筆商品交易均應逐筆開立「交易發票」。以收銀機而言，有「一般收銀機」與「發票收銀機」兩種。使用「發票收銀機」，等於是每筆交易都開立發票，零售企業對交易都進行逐筆的控制。

⑶信用卡付款，也要慎防員工舞弊。信用卡刷卡消費銷售方式已是非常普遍，但是公司銷售人員以自己的信用卡來替顧客付款，卻將現金放入自己的口袋，是一種嚴重的現金挪用舞弊行為。雖然信用卡髮卡銀行會將款項彙入公司戶頭，對銷貨額沒有影響，但公司會損失手續費和現金延後收到的計算利息損失。公司對此行為沒有妥當的處理，可能會產生更多的弊端。為確定現金收入金額與信用卡收入金額的合計數，應等於發票總額，除了每日核對會計記錄與銀行賬戶資料外，還可與顧客聯絡以確定其所付款項與發票金額是否相符，以及付款方式。如找出異常現象，要立即查出原因，對有疏失的員工加以處理。

⑷使用商品條碼方式來控制。在收銀台處，使用掃描「商品條碼方式」來結賬，可以達到避免「短收現金」的管理；此外收銀結賬多以條碼方式，更有助於收銀台的工作改善。

⑸收銀台的現金回收管理。收銀台由於現金累積速度快(尤其是在大賣場或旺季時)，在管理上，單店作業要定時或定量回收，以防止意外發生。而多店式作業，總店會在某一時段，對各店的現金另做回收管理，以防止損失。

⑹收銀人員的教育訓練。賣場的現金管理，以收銀台為重點。因此，應針對收銀人員實施教育訓練，確保工作流程的正確性；守法的堅定觀念，在平時即要加以教導；此外，人員交班的現金結賬、主管

的稽查、盤點等，都是教育訓練的重點。

⑺每日賬務核對。賣場的收入包括有現金、記賬卡、信用卡、禮券、提貨券、支票、各國的通行貨幣等。必須將每日的現金收入金額，與電腦上的賬務資料相核對，才能掌握現金流程的管理依據。

⑻現金存入銀行。營業所收的現金，每日應主動存入銀行，以減少保管風險；至於大賣場現金更多，則有必要協助銀行到賣場收款。無法立即存入銀行的特別時機(例如節假日)，則應事先備妥保險櫃設備，及安全的保管設施，以避免現金損失的可能性。

⑼定期或不定期的盤點貨品。為了防止現金銷貨記錄產生不當或重大錯誤，可在每天、每週、每月，在業務終了時，實地盤存，掌握每天每樣物品的銷售數量，計算銷貨額，與當天或該週的現金收取額核對。亦即，依據所謂的盤存法，掌握銷貨數量，核對現金收取額，以確認銷貨全部加以記錄。惟此法僅能適用於物品數少、物品規格化或者銷售單價高的企業，並非所有的企業都能夠實施。各項電器用品的電源、音響、麥克風等。

9 商店的財務管理流程

一、賬款管理流程

店鋪經營者有多人缺乏門店賬款流程化管理的概念，有條理的財務管理不僅可以提升該店的盈利能力，還對後期工作的業務及行銷計劃等起到指導作用。

1. 營業款項管理

營業款項管理包括對營業收入、備用金和零鈔的管理，其目的在於確保門店的正常運作和財務的安全，提高營運資金的運轉效率。單店的營業款由店長統一管理。

(1)營業收入管理

所有經營收入必須嚴格遵循日清日結制度，及時入賬。每日營業結束後，各商品部編制各組銷售匯總表，並附上銷售小票。收銀員負責根據清機表將所收賬款清點入賬，然後將營業現金上交店長。

店長應及時將當天營業現金、支票等全額存入該店的指定銀行賬號中。銀行停止營業後的門店收入應存入店內保險櫃，待第二天再送存銀行。保險櫃中存放的現金不得超過規定金額。店長每週定期將銀行存款單和銷售日報遞交財務人員，並取得財務人員開具的收款憑證。

每月，店鋪經營者需要組織店員核對當月收到的現金、支票、獎券、應收賬款等，並與電腦列印資料核對。如存在差異則在次月 1 日前更正，更正後及時聯網；若不能更正，必須製表並予以說明。若門店開設於商場內，店鋪經營者每月還需與商場核對本月的開票數(尤其要將價格及稅金核對清楚)、銷售額以及商場扣款項目，確認無誤後簽字。

⑵備用金管理

備用金由店鋪經營者或財務人員根據經營情況、日常所需支付的金額進行定額發放，僅供換取零鈔、採購經營急需品、應對突發事件之用，任何人不得以任何形式或理由將備用金挪作他用。

備用金的保管、監督由店長負責。店長應建立備用金使用賬簿，並每天核對。備用金使用後，店長向財務人員報銷，報銷時發票等相關憑證必須齊全。

⑶零鈔管理

門店零鈔由店鋪經營者或財務人員根據經營情況、日常所需支付的金額進行定額發放，由收銀員使用。收銀員交班時，上一班的收銀員必須將零鈔如數移交給下一班的收銀員。每天門店結束營業時，當班收銀員應清點零鈔並上交店長。

為了便於日後的統計、核算，任何人都不得擅自將營業收入用以補充零鈔。若需補充零鈔，必須在財務人員批准後按相關規定劃撥資金。

2. 賬務管理

發票是由收銀員開具的一種銷售憑證，銷售小票也是由收銀員開具的銷售憑證。

⑴銷售小票管理

銷售小票是由收銀員開具的銷售憑證，也是消費者退換貨時的重要依據。其領用手續如下：門店店長在銷售月報中填報下月的銷售小票預計用量，收到財務人員配發的銷售小票後清點數量，確認無誤後簽收。店長領取銷售小票後，交給收銀員保管。

收銀員應規範、完整地填寫銷售小票，不得隨意塗改。使用小票時要注意以下事項：開出的銷售小票一般一式三份，分別由收銀員、財務人員、消費者留存；特價品的小票上應蓋有「特價商品，恕不退換」的專用章；作廢的銷售小票必須由收銀員說明原因後簽字並保留完整；剩餘的小票由收銀員暫存；每天的銷售日報表中應附有當天的銷售小票，並由相關人員註明當天的作廢小票數量，財務人員定期清點作廢小票後統一銷毀。

⑵發票管理

發票是由收銀員開具的另一種銷售憑證，也是門店納稅以及消費者申請報銷的憑證。

發票由財務人員到指定單位購買，並對發票的領用和發放建檔，以便登記、核查。財務人員還需檢查退回的發票，確保其填寫無誤、編號準確。

店長在發票登記簿上簽字後即可領回發票，並負責保管、使用。若店長需在營業時段離店，應將發票轉交其助理或收銀員。助理或收銀員使用完畢後要及時退還店長，以免遺失。

若發票遺失，店長必須當即向財務人員報告，財務人員在 3 個工作日內將情況上報稅務機關，並按對遺失發票的相關規定進行後續處理；作廢的發票必須加蓋作廢章或由責任人註明原因並簽字、保存，最後在日報表中註明當天作廢的發票數量；使用完的發票存根由店長退回財務部，以便財務部檢查、實施以舊換新方案以及向當地稅務部門登記。

二、賬款管理流程細節

1. 盤點對賬程序

很多門店管理人員並不清楚店中有多少商品、分別是那些以及保管情況如何，這類資訊的缺失不利於保證庫存合理和增強員工的責任心，同時還增加了過期商品的出現概率。正確的做法是財務人員每年進行兩次全面盤點，每月再進行一次不定期的抽查點檢（抽查比例不限），此外每天交接班時也對商品數量實施盤點。

月盤點的標準流程如下：店鋪經營者或財務人員確定盤點日期，並提前三天告知門店工作人員；在盤點日期到來前，店員自行檢查本店電腦系統中的單據，確定有無已經配送到店但還未建檔入庫的商品以及已經退貨卻沒有建立出庫檔案的商品，並檢查每份單據所對應的操作是否已經完畢；店員對所有商品進行清查，並將其置於相應的貨架或儲存地點；若店內有臨時貨架，則檢查臨時貨架的排面表是否填寫無誤且與實際情況一致；盤點當天，店員停止電腦打票，並上傳銷售資料；盤點者審核盤點表，確認店員的清查結果並進行分析，確認無誤後保存盤點資料。

日常盤點的流程較簡單。店員提前半小時上班，清點店內的商品總數。若賬物相符，則在交接本上簽字；若有異常情況，應當場上報、核實，並由前一班次的店員承擔責任。

需要注意的是，每當有員工離職，店長應提前對現有商品和固定資產進行盤點，以避免財務遺失。

此外，還有三種情況需要留意。首先，不負責任的盤點者容易將同價商品但屬於不同品項的商品填寫在同一貨號內。記錄不實的錯誤反映在盤點結果上，將導致一種商品的數量虛增，而另一種商品數量減少，其後果是賬目不清，妨礙利潤的核算。其次，若盤點者根據經驗對數量較多的商品進行估算，也極易出錯。

若商品部間互相交換商品用以陳列，商品放置在吊架或臨時貨架上，商品到店後未能及時記入賬單，剛計入存貨的上架商品恰好被賣出，都容易導致重盤或漏盤。

要想避免上述錯誤，店鋪經營者最好親力親為，監督店員嚴格按標準進行盤點，盤點後的商品要用注有數目的紙條貼於表面，以便抽查。如果盤點時恰好有商品售出，店員需立即記錄銷售情況，待盤點作業結束，立即核對。平時，店鋪經營者也應隨時抽查盤點資料正確與否。

2.盈虧管理

店鋪經營者要注意對盈虧狀況的即時統計、分析。盈虧管理不僅有助於店鋪經營者研判目前的經營策略是否可行、資金是否用到位，還是制訂銷售計劃和調整經營政策的重要依據。

若要計算盈虧，首先應瞭解門店運營成本的構成。門店運營成本包括店租、水電氣費、店員薪酬、行政管理費、衛生管理費、稅費、業務活動經費、通信交通費以及維修費等。

收銀員或財務人員必須記錄每天的銷售情況和毛利，以便統計當月運營成本和銷售利潤並分析當季庫存。店鋪經營者需要用月銷售額減去成本，確定本月淨收入。

店鋪經營者在檢查每類商品的當月銷售量後，研判庫存品的銷售時間和銷售勢頭，確定補貨數量或促銷方案。在分析當季庫存和本月淨收入後，店鋪經營者要制訂下月的銷售計劃，並考慮透過實施店員激勵措施、增加進貨量等方式提升店鋪業績。店鋪經營者還可以實行成本管控，透過「開源」與「節流」並舉的方式提高淨利潤。

若店鋪經營者能夠持之以恆，堅持利用流程管店，那麼門店的每一分投入都將產生可觀的效益。

10 賣場打烊後的財務清點

1. 清點商品

當一天營業結束時，無論是實行售貨兼收款還是只負責銷售的店員，都應全面清點當日所剩的商品數量，計算銷售貨款，並與售貨單相核對；要認真核對所售商品與貨款是否相符；核對所售商品與收款單是否相符，要確保這三項核對均相符。

當負責收款的店員營業結束後，店員要將當天所收的貨款或收款單及貨款核對，當無誤後要連同填寫好的交款單一起及時上交公司財務部門，結清當天的銷售款。

2. 清點賬款

營業時間結束後，店長準時清場關門，確認已無消費者滯留店內。關上店門後，店長和收銀員收集收銀機當天收取的所有現金和報表、單據、小票等有價票券，並用驗鈔機驗鈔。雙方清點完畢後，立刻將營業款和單據封包。在將該紙包放入保險箱後，店長鎖上保險箱。

3. 日結操作

打烊後的第二步工作是透過後台電腦進行日結操作。首先，將每台收銀機清點的金額分別輸入後台電腦進行校對。確認款額無誤後，透過後台電腦鎖定收銀機。其次，店鋪經營者將放入保險箱內的現金額和禮券額與後台電腦自動生成的報表進行核對，若一致即可透過後台電腦鎖定保險櫃。在將日結報表中的銷售資料，包括交易次數、退款記錄等填入後台電腦的報數系統中並保存後，日結工作正式完成！

4.報表的完成與提交

當日銷售狀況應進行書面整理、登記，包括銷售數、庫存數、退換貨數、暢銷與滯銷品數等，及時地填寫各項工作報表，在每週例會上提交，重要信息應及時向店長回饋。

5.結賬

店員對所管理的發票、收款單據、個人名章、帳本等物品妥善保管，貴重商品要入箱進櫃，並鎖好。

「貨款分責」的商店，促銷員要結算票據，並向收銀員核對票額。「貨款合一」的商店，促銷員要按照當日票據或銷售卡進行結算，清點貨款及備用金，及時做好有關賬務，填好繳款單，簽章後交給店長或商店的經管人員。

6.整理清潔

營業結束後，店員除了做好清查、核對工作外，還要把營業過程中由於顧客挑選商品所擺放錯位或弄亂的商品擺放整齊。把陳列的商品放在固定的位置上，並把營業場地打掃乾淨，清除垃圾，櫃台擦拭一遍，為次日的營業工作做好準備。

7.鎖門離店

隨後，店長的工作次序如下：安排員工打卡；在員工自願的前提下，店長帶著保安為所有店員做下班檢查；待員工離店後，店長關閉燈具和電閘(冷櫃、電腦除外)，鎖好門窗。

離開門店前，店長注意開啟夜間防盜系統和重新檢查內門、外門是否都已落閘設防，證實安全後方可離去。

除了日常監督，定期進行的防盜隱患大檢查也很有必要。進行建築施工和舊店改造時，店鋪經營者更要加強防範意識，夜間不要在店內放置現金及貴重物品，最好安排員工全天值班。

防範手段決定門店的安全管理成效，必須防患於未然。

第七章

賣場的促銷

1 賣場常見的促銷

一、折價促銷

1. 折價促銷的類型

賣場針對消費者實行的假日折價銷售包括多種類型：

①由於折價促銷的目的不同，折價促銷可分為競爭性折價促銷和常規性折價促銷兩種類型。

②由於折價促銷的商品範圍不同，折價促銷又分為全部商品折價促銷和部份商品折價促銷兩類。

2. 折價促銷的特點

①優點

由於能直截了當地給消費者帶來實惠，因此與其他促銷方式相比，折價促銷的衝擊力最強。

②缺點

容易引起惡性競爭，導致行業效益下降。

會引起顧客的觀望與等待，使其進入折價銷售的惡性循環。

有時會損壞賣場形象。

3.折價促銷的設計

在運用折價促銷時，應對是否打折、打折幅度、打折時機等方面進行多方面的可行性分析，最後做出科學決策。

①折扣促銷的條件

折扣至少為 8 折。對於競爭性折價促銷來講，要吸引顧客，就必須保證折扣幅度不高於 8 折。

能夠得到供應商的積極支持。折價促銷若得不到供應商支持，就不可能成功。因此賣場平時要與供應商保持良好的關係，並且在折價促銷期間以不損害供應商利益為原則。

②折價促銷時機

選擇什麼樣的時機、以什麼樣的名目向消費者實行折價促銷，將直接關係到折價促銷的效果。所以，要根據顧客的消費心理、購買行為來科學安排折價促銷的時機。

另外，給每次的促銷活動確定適當的主題，以避免消費者產生誤解。一般情況下，賣場促銷可以利用的時機有：

A.重大節日。每年的元旦、春節、中秋節都是折價促銷的好時機，如果採用「親情回報」的促銷主題，還能起到樹立形象的作用。

B.慶典活動。如開業週年紀念日、慶祝銷售額突破「××××元大關」等。以這些活動為由舉辦折價促銷，常能讓消費者產生賣場實力雄厚的感覺。

C.特定日期對特定顧客。如在教師節對教師實行部份商品的折價優惠等。

③折價促銷應注意問題

除了要把握好折價幅度和折價時機外，折價促銷的策劃還要注意處理好以下問題：

· 打折廣告要真實而簡明。

· 不能先提價再打折。

· 保證折價商品的數量及品質。

· 加強安全管理。

二、以舊換新

1.以舊換新的形式

以舊換新促銷主要包括兩種類型：

①以本賣場的舊產品換本賣場的新產品，並補齊差額

這種促銷形式的主要目的是為了鞏固和發展賣場的新老顧客，建立顧客對品牌的忠誠度，聯絡與顧客的感情，本質上是對老顧客的一種回報。

在母親節期間推出「凡在本廣場購買的××品牌的鞋，可用同品牌的舊鞋抵150元現金換購新鞋」的活動。

②以任何品牌的舊產品換本賣場的新產品，並補齊差額

這種形式的主要目的是為了擴大新產品的銷售額。

2.以舊換新的特點

①優點

· 能有效刺激顧客的購買慾望。

· 有利於拓展新的市場。

· 有利於樹立產品的品牌形象。

· 有利於啟動市場，擴大銷售額。

②缺點

費用相對偏高。

商品種類限制大。以舊換新促銷一般只適用家庭耐用消費品，像家用電器、鞋類等。產品價格比較低、使用壽命又很短的商品就不適宜採用以舊換新促銷。

3.以舊換新應注意問題

①舊商品的折價標準

現在賣場所採取的做法大都是不論品牌、使用年限、新舊程度，一律統一折價。這種折價辦法在一定程度上往往挫傷了顧客參與活動的積極性，尤其是那些手頭的舊貨還比較新的顧客。因此在條件允許的情況下(有充足的人力和精力)，還是應確立不同的折價標準，以區別對待新舊程度不同、原有價格不同的舊貨。

②舊商品的折價幅度

要根據促銷目標、促銷預算以及市場上競爭產品的情況，科學地制訂折價幅度，這樣做既擴大了商品的銷售，又保證了一定的贏利。

③促銷活動的時間性

以舊換新活動在什麼假日開展，是長期開展還是定期開展，這些都要精心策劃。

三、現場演示

1. 促銷目標

①推廣和介紹新產品。

②改變產品在賣場銷售不暢的狀況。

③突出本產品在同類產品中的地位。

④向顧客展示本產品的特殊功效，吸引顧客注意，帶動其他產品銷售。

2. 現場演示特點

①優點

· 促使消費者瞭解新產品。

· 吸引顧客的注意力。

· 易向顧客提供有力的說服證據。

· 節省促銷費用。

②缺點

受產品特性的限制較大。並不是每一種產品都可以進行商品演示，即使能進行演示，產品不同，其演示效果的差別也很大。

促銷對象的範圍比較窄，只能是針對前來賣場的顧客。

促銷效果的好壞在很大程度上受產品演示者的演示水準的影響，如果演示不當，容易產生負面效果。

3. 注意事項

①適用範圍

技術含量比較低，屬於大眾化消費品。由於這類商品演示起來比較方便，演示的過程和效果比較直觀，消費者容易理解和把握。

有新型的使用功效。如果本產品與市場上已有的其他同類產品相比並沒有更先進、更優越的性能，就沒必要演示，因為演示的結果並不能激起顧客的好感和購買興趣。

能立即顯示產品的效果。演示過程中，消費者只有確切地感受到產品的使用功效，才可能產生購買興趣。如果產品使用後的效果不能立竿見影，則現場演示的效果就會大打折扣。

②演示者的演示水準

現場演示的目的在於將產品的特點和性能真實、準確、直觀地傳達給消費者，透過刺激消費者的感官，激起消費者的購買興趣。因此演示者的操作要熟練，要能充分地展示產品的優越性。

③現場演示的趣味性

現場演示要想吸引消費者的注意力，就必須具有一定的趣味性。

四、量感陳列

量感陳列是指利用賣場的明顯位置，大量陳列特定商品，以提高銷售量的活動。此活動通常會配合商品折價同步實施，而且所選定的商品必須是週轉快、知名度高、有相當降價空間的商品，這樣才可充分達到促銷效果。其做法如下：

①選定配合促銷主題的季節性商品或重點商品。

例如，在端午節，××商場(超市)就在賣場把堆頭設計成龍舟的形狀，龍舟上既可擺放××品牌的粽子，又可擺放宣傳端午的其他物品。

②選定合適的陳列地點(端架或大陳列區)，進行量感陳列，以堆頭顯示豐富感及便宜感。

③配合關聯性商品的搭配陳列。

五、試吃

試吃是指現場提供免費樣品，供消費者食用的活動，如免費試吃香腸、飲料等。

對於以家庭主婦為主要目標顧客的食品大賣場來說，舉行試吃活動是提高特定商品銷售量的有效方法。因為透過親自品嘗和專業人員的介紹，會增加消費者購買的信心以及日後持續購買的意願。試吃促銷的做法如下：

①安排舉辦試吃活動的供應商及試吃品種。通常供應商都願意配合賣場推廣產品，故應事先將試吃活動的時間、試吃品種及食品做法進行安排並告訴供應商。

②安排適合舉辦試吃活動的賣場地點。

③供應商必須根據賣場規定的營業時間參加試吃活動，並自行選擇適當的人員、器具，以更好地為顧客服務。

六、面對面銷售

面對面銷售是指賣場人員與顧客面對面地銷售商品的活動。這種促銷方法在節假日運用最多。其做法如下：

①規劃適當位置，作為面對面銷售區。

②挑選具有專業知識和促銷經驗的員工進行培訓，讓他們從事面對面銷售的工作。

③強調商品品質和人員的親切服務，並讓顧客自由選擇品種和數

量。

七、廣告促銷

廣告是賣場促銷的重要手段，主要有以下兩種策略。

1. 廣告媒介

①借助電視、電台、報紙等大眾傳播媒體，推廣公司的總體形象，使消費者對賣場產生認同感，並激發其購物興趣。

②用賣場的「看板」誘導顧客。

③將配貨車裝飾成宣傳車，使之發揮流動廣告的作用。

④開發自設產品系列，如香港的百佳商場（超市）將其銷售的產品命名「百佳牌」，這對於樹立獨特的形象具有重要作用。

⑤組織社區活動，與社區內的居民、廠商、社會機構經常保持溝通，建立和維持相互間的良好關係，從而擴大賣場在社區內的影響。

2. 口傳信息

在現代社會裏，人們的交際越來越密切，因此口傳資訊對消費者行為的影響也越來越大。賣場在花錢大做廣告的同時，絕對不可忽視這種「義務廣告」。當然，口傳資訊既能促進消費者購買商品，也能阻礙消費者購買商品。賣場要爭取顧客、擴大銷售，在激烈的市場競爭中站穩腳跟，就應當積極地擴大正面的「義務廣告」，消除負面的「義務廣告」，但如何做到這一點呢？

①找出實施重點

尋找出每種商品的創新者和早期使用者，設法摸清這些人的特點，然後投其所好，對其實施重點促銷攻勢。透過這些消費者對商品的使用，催使更多的人使用。

②拿出價廉物美的商品來

品質好且價格低就表揚，品質差而價格高就批評。因此，只有商品質優價廉，才能使消費者覺得購買的商品合算，才會樂意去做正面的「義務廣告」，招引別人也來購買。

③提供優良的服務

賣場的購物環境優美、服務項目多、服務態度好，就會在顧客心中留下一個美好的印象，而享受到優良服務的顧客也會將賣場的名聲傳揚出去。因此，賣場一定要與顧客保持友好的關係，一方面可以吸引顧客下次再來，另一方面可以讓這些顧客為賣場做正面的「義務廣告」。

八、POP 設置促銷

賣場 POP 廣告的設置與擺放，應當注意以下幾點：

①如果把 POP 廣告直接貼到玻璃櫥窗或牆上，則要注意長方形的廣告要水準橫貼或稍微向右上方傾斜。

②從天花板往下垂 POP 廣告時，輕一點的 POP 廣告可以用釣魚線懸掛，這樣看起來比較漂亮。但要注意垂吊的 POP 廣告不要和商品離得太遠，以免顧客不知道是對應的那個商品的 POP 廣告。

③如果要把 POP 廣告放在櫥窗或架子上，則要將其放在顧客平視能看到的地方，即離地面 70～150 釐米，同時要注意不能遮擋商品。

④如果要把 POP 廣告直接貼在陳列品上，要注意 POP 廣告絕對不能比商品還大，如果要釘在人體模特身上，要注意最好釘在模特的左胸上，貼在其他類商品上時，則要貼在右下角。當然，如果想表現特殊的廣告效果的話，也可以視情況而定。

賣場的 POP 廣告是一個統一整體，要提高其促銷效果，就必須將各種形式的 POP 廣告加以有機組合，發揮其聯動作用。

九、競賽活動

競賽活動是指賣場在假日促銷時提供獎品，鼓勵顧客參加特定比賽，以吸引客流的活動。

端午節包粽子、兒童節「寶寶速爬王」比賽、中秋節「幸福一家人家庭廚藝」大賽、卡拉 OK 比賽、元宵節猜謎比賽等。此類活動著眼於趣味性和顧客的參與性，比賽時通常會吸引不少人觀看，可連帶達到增加來客數的目的。

其具體做法如下：

①根據促銷主題，確定比賽項目、參加對象、獎勵方法、實施費用以及協助廠商等內容。

②透過廣告宣傳單、海報、現場廣播鼓勵顧客報名參加。

③佈置比賽場地，營造氣氛，並搭配關聯性商品的促銷活動，以提升營業額。

2 要向已成交顧客做附加銷售

行銷界有這樣一個有趣的故事：

一個小夥子去應聘百貨公司導購員，老闆先問他做過什麼？

他說：「我以前是挨家挨戶推銷的小販。」

老闆喜歡他的機靈就錄用了他，先試用幾天。

第二天老闆來看他的表現問他說：「你今天做了幾筆買賣？」

「1 筆。」小夥子回答說。

「只有 1 筆？」

老闆很生氣：「你賣了多少錢？」

「300 萬元。」年輕人回答道。

「你怎麼賣到那麼多錢的？」老闆目瞪口呆。

「是這樣的，」小夥子說，「一個男士進來買東西，我先賣給他一個小號的魚鉤，然後中號的魚鉤，最後大號的魚鉤。接著，我賣給他小號的魚線，中號的魚線，最後是大號的魚線。我問他上那兒釣魚，他說海邊。我建議他買條船，所以我帶他到賣船的專櫃，賣給他長 20 英尺、有兩個發動機的縱帆船。然後他說他的大眾牌汽車可能拖不動這麼大的船，於是我帶他去汽車銷售區，賣給他一輛豐田新款豪華型『巡洋艦』。」

老闆後退兩步，幾乎難以置信地問道：「一個客人僅僅來買個魚鉤，你就能賣給他這麼多東西？」

「不是的，」小夥子回答道，「他是來給他孩子買尿布的。我就說『你的週末算是毀了，你為什麼不去釣魚呢？』」

這是一個做附加銷售的高手，他把一個幾元錢的小買賣給做成了300萬的大買賣，憑的就是對顧客需求的體察和執著的附加銷售。

當我們已經成功地說服了顧客，顧客也決定購買我們的產品時，如果我們還能勸說顧客購買其他商品，就有可能提高我們的銷售業績。

給顧客提出購買建議時，把握一個原則：要讓顧客認為你的建議是善意的而不是意圖繼續推銷。

(1)要站在顧客的立場上思考，力求為其增值

提出建議前，首先要站在顧客的立場上去思考，不要為了銷售而去銷售。在提出建議之前，我們要問自己，如果我是顧客，我會不會需要這件商品？同時還要問自己，顧客買了這件商品會不會為他增值？例如，顧客買了一件顏色和款式都很單調的上衣，如果配上一條絲巾或者其他飾品就能取得很好的效果，花很少的錢就可以改變服裝的風格，這時候就需要勇敢地提出建議。

(2)在提建議前，用正面及支持性的話語開頭

在提建議前，用正面及支持性的話語開頭。例如：「這件上衣款式很好，稍加一些配飾就可以感覺有多種變化了。」這樣可以讓顧客感覺到你是在為他考慮。

(3)輕描淡寫地提議，觀察顧客的反應

在提出建議時，要輕描淡寫地提，同時要觀察顧客的反應。如果顧客沒有任何回應，就不要追著不放，不然會讓顧客覺得你是在做下一輪的推銷；如果顧客表示出興趣，你才可以進行。

附加銷售其實有兩個含義：當顧客不一定立即購買時，嘗試推薦

其他產品。令顧客感興趣並留下良好的專業服務印象；當顧客完成購物後，嘗試推薦相關產品，引導顧客消費。

3 激勵老客戶的消費

作為一種有效鞏固和激勵老客戶多次購買的銷售手段，會員積分制在飛速發展的現代消費品市場、餐飲、通信等領域上已經得到了廣泛的應用，並取得了不錯的績效，這更使得零售業主們將其推廣壯大。

會員積分制，又稱為「消費積分計劃」，消費積分計劃是企業許諾經常購買或大量購買企業產品的客戶，以消費積分換取諸如折扣、累計積分、贈送商品等獎勵服務的一種活動。目的是為了能留住客戶、保持市場佔有率，從而維持利潤、贏得競爭。

消費積分計劃誕生於 1981 年的「美利堅航空公司常客項目」，其形式是按乘客的飛行里程獎勵里程分，並將里程分兌換為免費機票，以此作為培養顧客忠誠度的一種手段。消費積分計劃是眾多行銷方式中的一種，是企業許諾客戶以消費積分換取相應獎勵的一種活動。客戶每消費企業規定的產品或服務都可獲取一定的消費積分，等積分累計到一定數量，就可在未來兌換一定的獎勵。獎勵的形式多種多樣，可以是折扣、免費獲贈商品(服務)、抽取獎品等。

消費積分計劃，最經常被應用於兩個領域，一是美容類，二是通訊類。我們先以美容類為例，看看美容院是怎麼進行會員積分折扣的。

積分促銷是美容院為回饋老客戶而採取的一種方法，在消費者達到一定額度的消費後，即可取得相應的積分，而這些積分就可用來獲取產品、禮物、療程，或參加其他的優惠活動。

它以顧客在美容院消費達到一定金額為積分點，這種消費沒有很強的身份限制，除了消費者本人之外，親朋好友也可以來美容院消費並為其積累點數，所以這種積分促銷既有利於顧客的長期惠顧，也能為美容院帶來旺盛的人氣和客流。

與其他促銷活動相比，積分促銷的最大目的在於鼓勵美容顧客重覆消費，培養忠實穩定的消費群。

積分促銷與其他促銷方式相比，優勢如下：

⑴培養顧客忠誠度

積分促銷可以培養美容顧客對品牌的忠誠度，刺激消費者的多次購買行為。消費者需多次購買或多量購買化妝品或接受服務，才能累積到一定的積分或收集到兌換憑證以兌換獎品，在這個重覆過程中，透過行為對意識的影響，就會養成使用該產品、購買該產品的習慣。

⑵活動成本較低

相對於贈品促銷、折價促銷以及免費樣品試用等方式來說，積分換取的成本還是較低的。一方面所提供的獎品成本可以分解到多次購買的產品中，另一方面不少人在收集了積分券後，由於種種原因沒有去兌換贈品。

⑶可選贈品的範圍較大

相對單一贈品促銷，積分換取的可選擇贈品能夠隨著點數的增加而擴大，不像隨貨贈品那樣受成本限制。

⑷有利於宣傳

能作為廣告宣傳的主題，並以此造成差異化。許多化妝品的差異化越來越難找，而普通的廣告並不能引起目標消費者足夠的注意力。

積分換取需持續一段較長的時間，如果贈品優秀，還可作為宣傳的訴求點。

⑸提升競爭力

顧客一旦選擇了積分促銷，一般不會選擇其他美容院，這也在一定程度上提升了美容院的競爭力。

相對的，在積分促銷優點的背後，也難掩它的缺點：事實上，積分促銷如果活動時間過長，是對美容顧客消費耐心的一種考驗，它對一些使用週期長，不經常購買的化妝品來說，會使很多消費者喪失對積分促銷的興趣。並且活動一經宣佈，美容院就不得不常年預留這筆活動預算，即使績效不佳的美容院經營發生變化，都不得輕易中止，以免使信譽蒙受不利影響。這對一些美容院而言也是一項挑戰。

想要在自己的店鋪實行積分促銷活動的零售業主在實際的積分促銷活動中應注意以下操作要點：

⑴積分換取的兌換工作需組織嚴謹

舉辦積分換取特別需要注意一切以方便消費者為原則，才能減少活動本身可能存在的種種不利因素。如兌換地點、兌換時間的選擇，應充分考慮消費者的實際可操作性。同樣，積分換取的標誌也應是消費者方便得到的，如產品包裝上的某一標誌，只要消費者購買產品，即可得到標誌而無需另行索取。

由於兌換工作既繁瑣且耗時，牽涉到工作人員的安排、兌換憑證的回收、禮品的補充與存放協調等等問題，因此必須事先週密計劃，確保活動能有條不紊地開展。消費者一旦不能滿意地兌換到禮品，就會造成兌換點秩序混亂，有可能導致商家聲名受損。

⑵積分的折算要簡單可行，獎勵要實實在在

折算方式要簡單可行，一目了然。如 10 元就是一個點數，或者

說一個標識就積 1 分，所設置的兌換比例也要明白易記，如以 5、10 等大家習慣的整數為換算單位，並按相應的比例遞增。

獎勵更是要實實在在，不能愚弄消費者，更不能把一些積壓化妝品當作獎品，否則到頭來只會產生銷售、商譽俱損的局面。

在兌換數量的設計上，一定要顧及到「輕輕鬆鬆即可換得」的原則，設計幾個只需小量的積分就可得到的贈品，以增加消費者的信心。

至於獎品的選擇原則可參見附送贈品促銷中的贈品選擇原則，當然，積分換取活動對贈品的要求更高。

⑶活動的時間不宜過短

這種會員制度應當是長期的，以留給消費者足夠的時間消費換取積分或標誌收集。一般來說，積分換取不能像其他零售業的促銷活動只有 2 個月左右的活動時間，一個組織嚴密、籌劃週詳的大規模積分換取活動需耗時半年，甚至 1 年的時間。

積分換取最大的作用在於鼓勵消費者重覆購買，建立產品的穩定顧客群。由於該活動對消費者的吸引力有限，因此強勢品牌開展此活動效果較佳。而對於吸引新消費者嘗試或推介新產品，則作用不甚明顯。

這種會員折扣活動能夠吸引消費者的一個主要原因就是，它是沒有時間限制的積分制，而它最大的好處是可以提供較高額的禮品來吸引美容消費者。另外，不限時間本身也可讓美容消費者打消顧慮，從而放心參與。因為對於消費額較少的產品，消費者往往會因短時間內無法積累到足夠多的點數而放棄參加活動。

然而，會員制度的無時間限制像一把雙刃劍，有好的一面，自然也就有不利的一面。會員積分折扣制沒有時間限制的不利之處在於，活動一經宣佈，就不得不常年預留這筆活動預算，即使績效不佳、經營發生變化，都不得輕易中止，以免使信譽蒙受不利影響。

4 促銷活動結束後的檢討整理

一、貨品的管理

1. 清點貨品

在促銷活動結束後，促銷員應該進行產品的清點及核對工作。貨品的清點工作需注意以下事項。

①清點當日產品銷售數量及庫存數量，並根據前日產品庫存，核對產品數量是否有誤。

②清點贈品的贈送數量與庫存數量，並根據前日贈品庫存，核對數量是否有誤。

③檢查產品及贈品的狀況，看有無殘次品，若發現要及時清理，並做好記錄。

④檢查各種銷售用具(如宣傳卡、POP 等)是否齊全，如果發現破損或丟失要及時記錄，並及時申領。

2. 及時補貨

促銷員需要根據產品清點的結果以及銷售情況，對於數量不足的產品進行補貨。

①需要增補貨品的情況

清點產品時，遇到下列情況，促銷員應上報主管進行貨品增補。

· 某類產品只有幾個或者少量，不夠次日的銷售。

· 產品型號不齊全的，如服裝、鞋類產品的某些顏色缺少或者尺碼斷碼等。

· 家電產品只有樣機，沒有庫存，無法正常銷售。

· 產品陳列在貨架上，但是產品外包裝有瑕疵，無法銷售。

· 各種廣告、POP 中已經開始宣傳的新產品，但是還沒到貨。

②及時補充貨品

補充貨品的工作步驟包含以下幾個方面。

· 根據實際銷售情況，確定要增補貨品的數量。

· 填寫補貨單，並請主管人員簽字批准。

· 如庫房有貨，則到庫房取貨，並將產品上架。如庫房無貨，則應督促管理人員向企業訂貨。

3.管理庫存

促銷員要對每日銷售的產品數量及規律有一個整體的把握，從而對產品庫存進行有效控制，確定合理的進貨數量和進貨時間，使存貨總成本最低。

表 7-4-1　產品存貨類別

序號	類別	具體內容	備註
1	良性存貨	為了賣場正常運營而儲存的貨品，這些貨品可在限定的時間內走出賣場，轉換成資金，它是提高賣場銷售業績的重要一環	保持正常的良性存貨能夠避免因缺貨導致的銷量下降
2	惡性存貨	存貨過剩的產物，它主要表現為某種類型貨品過多、產品結構不合理	採取適當的預防措施，減少和改善惡性存貨的狀況

①區分良性存貨與惡性存貨

產品存貨分為良性存貨和惡性存貨兩種，具體如表 7-4-1 所示。

②控制存貨的方法

促銷員要達到良性存貨的目標，應把握控制存貨方法，具體如下。

· 掌握存貨數量，預防惡性存貨發生。

促銷員應對產品的銷售情況、市場需求與顧客喜好等有一個大體的把握，在進貨上提出合理化建議；同時，可透過正常庫存控制數這一指標將存貨控制在合理的範圍內。具體的計算公式：

合理的正常庫存控制數＝日銷量平均數×（訂單間隔天數＋運輸途中天數）＋日最低安全庫存量

例如，假定賣場每日正常出庫產品量為 120 件，日最低安全庫存量為 160 件，如果賣場經驗是每 6 天向供應商訂一次貨，而路途運輸時間是 7 天，那麼合理的正常庫存控制數應是 120×（63＋7）＋160＝1720 件。

· 確定存貨處理政策。

當存貨產生時，應制定出明確的存貨處理政策。由誰負責、在什麼時間之內、用什麼辦法、透過什麼管道處理存貨，都應明確規定。

· 找出存貨增加的原因並進行預防改善。

當存貨增加時，需要對造成存貨增加的各種原因進行梳理，找出存貨增加的主要原因，為預防及改善存貨管理工作做好準備。

· 加強產品的企劃能力。

加強產品的企劃能力，促銷員首先要明確產品在市場上的定位，除了對流行趨勢、流行元素等有敏銳的嗅覺外，對目標消費群體也要有充分的認知及數據的支持，這樣才能規劃、購進滿足市場需要的產品。

· 提升促銷員的銷售能力。

促銷員是銷售的第一線，應不斷地學習，掌握各方面的知識，提升自己的能力，促銷主管應加強對促銷員的管理和培訓，進而提升銷售人員的素質和能力。

· 利用電腦進行存貨管理。

借助電腦的強大功能來進行產品賬務作業，可以快速而且正確地進行更新入庫、庫存統計等日常業務工作，配合定期盤點，可以有效地控制存貨數量。

二、整理賣場內的促銷現場

促銷員在促銷活動結束後，應該對促銷現場進行清掃整理工作，維護好賣場的形象。促銷員整理促銷現場應做好以下工作。

1. 整理促銷用具

①管理好促銷用具

促銷用具是舉行促銷活動的有力「武器」，因此，促銷員應管理好促銷用具，充分愛惜。在每天的促銷活動結束後，要對促銷用具進行清點，保證促銷用具不丟失、不損壞。

②回收促銷用具

促銷活動結束後，促銷員要對各種促銷用具進行回收。促銷活動中的促銷用具有的是售點提供的，有的是企業提供的。對於售點提供的促銷用具，應該將其還給售點；對於企業提供的促銷用具，就應該將其運回企業的倉庫。

常見的需要回收的促銷用具包括以下幾種。

· 各種贈品及樣品。

・供產品擺放與演示用的展示台、演示台、陳列櫃等。

・各種 POP，如橫幅、噴繪、海報、展板、易拉寶海報架、吊旗、角旗、產品宣傳單等。

・烘托現場氣氛的用具，如充氣拱門、升氫氣球、電視、音響、卡通氣模、喊話器、遊戲道具等。

・產品演示用具，如奶粉廠家進行免費品嘗時需要準備的飲水機、調奶罐和一次性紙杯等。

・其他促銷用具，如促銷員的服裝、供顧客休息用的折疊椅、供遮風避雨和遮陽用的太陽傘、插線板、筆、顧客資料卡、錘子、螺絲刀、鐵絲、膠水、封口膠、常備藥品等。

2. 清潔促銷現場

促銷活動結束後，促銷員還需要對促銷現場進行清理，保證促銷現場的乾淨、整潔，從而給售點留下良好的印象。

三、迅速填寫銷售報表

1. 瞭解常見的銷售報表

促銷員要根據產品銷售情況填寫銷售報表。促銷員需要填寫的銷售報表有以下幾種。

①銷售台賬

對於銷售的每一件產品，促銷員都應該將其詳細地記錄在銷售台賬上。一份詳細的銷售台賬，可以幫助促銷員清楚地掌握產品的銷售情況及顧客信息，為向顧客提供優質的售後服務創造條件。

②銷售日報表

為了使產品經營管理者能夠及時地掌握產品的銷售情況，促銷員必須完成銷售日報表的填寫工作。

③銷售月報表

在每個月的月末，促銷員需要根據本月產品的銷售情況，填寫並上交產品銷售月報表。

④產品進銷存報表

促銷員還需要瞭解產品的庫存及進貨情況，因此必須填寫一份產品的進銷存報表。根據產品週轉速度的不同，填寫的頻率可以適當調整，一般來說是一週填寫一份。

2.填寫銷售報表

在填寫各種銷售報表時，促銷員要注意以下問題。

①掌握正確的填寫方法。促銷員在填寫銷售台賬時，要按照當天產品銷售單上的內容進行填寫，填寫銷售報表時，應該依據銷售台賬填寫；填寫產品進銷存報表時，應該依據產品庫存表及銷售台賬進行填寫。

②促銷員在填寫銷售報表時字跡要清晰、工整。不能潦草。

③銷售報表中的數據必須真實、可靠，不得捏造。

④促銷員必須按時填寫各種銷售報表，並在填寫完後立即交給相應的負責人。

四、總結賣場的促銷工作成果

促銷活動結束後，促銷員需要對促銷活動的情況進行總結。總結時，促銷員需要評估促銷活動的成果，總結成功經驗並提出改進建議。

1.評估促銷成果

促銷活動結束之後，促銷員要根據促銷策劃時制定的促銷目標對促銷活動進行評估。

①需要評估的內容

表 7-4-2　促銷效果評估表

序號	項目	內容	衡量指標
1	對銷售人員的影響	透過促銷活動可以提高銷售人員的積極性	銷售人員的工作態度轉變、對產品的信任增強、掌握更多產品知識、銷售技巧的提高等
2	對消費者的影響	透過促銷活動可以改變消費者對產品的印象	新顧客購買、競爭品牌顧客購買、顧客重覆購買、顧客忠誠度和滿意度提高、單次購買量增加、購買頻率增加、提前購買時間等
3	對中間商的影響	透過促銷活動可以提高中間商對產品的信心	產品陳列位置的改善、贏得中間商對產品銷售的支援
4	對產品銷售的影響	透過促銷活動可以提高對產品銷售的影響	產品的銷量增加、市場佔有率擴大、品牌形象提高、顧客的品牌認知提高等

②評估資料的取得

為了對促銷活動成果進行評估，促銷員需要收集各方面的資料，並對它們進行對比分析。

表 7-4-3　促銷活動評估資料取得方法

資料內容	取得方法
產品銷售量及銷售金額、顧客購買情況、競爭產品銷售情況等	由促銷人員統計得出
顧客對產品印象、顧客對產品滿意度、售點整體營業額、售點對促銷活動滿意度等	透過對顧客或售點人員進行詢問獲得
促銷活動對產品銷售的長期影響	透過後期銷售資料統計獲得

③對資料進行分析

根據取得的資料，促銷員就可以根據促銷前、促銷中、促銷後的各種數據進行分析，看促銷活動效果如何。

- 透過對產品平均日銷量的分析，可以得出促銷活動對產品銷售的影響。
- 透過銷售情況的分析，可以得出促銷活動對顧客購買行為及顧客對品牌形象的影響。
- 透過對競爭品牌的銷量進行分析，可以得出促銷活動對競爭對手的影響。
- 透過對售點營業額及售點對產品促銷活動滿意程度的分析，可以得出促銷活動對售點的影響。

2.總結經驗並提出建議

促銷活動結束後，根據促銷活動的評估結果，對於達成或超額完成的促銷目標，促銷員要總結出成功的經驗，供以後的促銷活動學習參考。

對於促銷活動中未能達成的促銷目標或促銷活動中存在的不足，促銷員認真分析原因，並提出改善意見，避免相同的情況在以後的活動中發生。

表 7-4-4　促銷活動總結表

<table>
<tr><td colspan="3">活動主題</td><td></td><td>活動內容</td><td></td></tr>
<tr><td colspan="3">活動日期</td><td></td><td>活動地點</td><td></td></tr>
<tr><td colspan="3">活動成果（包括對產品銷售的影響、對競爭對手的影響、對顧客的影響、對中間商的影響等）</td><td colspan="3"></td></tr>
<tr><td rowspan="21">對促銷活動的分析</td><td rowspan="3">活動主題</td><td>對活動主題的評價</td><td colspan="3">□非常好　□較好　□一般
□不理想　□極差</td></tr>
<tr><td>原因分析</td><td colspan="3"></td></tr>
<tr><td>改進意見</td><td colspan="3"></td></tr>
<tr><td rowspan="3">活動形式</td><td>對活動形式的評價</td><td colspan="3">□非常好　□較好　□一般
□不理想　□極差</td></tr>
<tr><td>原因分析</td><td colspan="3"></td></tr>
<tr><td>改進意見</td><td colspan="3"></td></tr>
<tr><td rowspan="3">活動時機</td><td>對活動時機的評價</td><td colspan="3">□非常好　□較好　□一般
□不理想　□極差</td></tr>
<tr><td>原因分析</td><td colspan="3"></td></tr>
<tr><td>改進意見</td><td colspan="3"></td></tr>
<tr><td rowspan="3">活動地點</td><td>對活動地點的評價</td><td colspan="3">□非常好　□較好　□一般
□不理想　□極差</td></tr>
<tr><td>原因分析</td><td colspan="3"></td></tr>
<tr><td>改進意見</td><td colspan="3"></td></tr>
<tr><td rowspan="3">人員表現</td><td>對人員表現的評價</td><td colspan="3">□非常好　□較好　□一般
□不理想　□極差</td></tr>
<tr><td>原因分析</td><td colspan="3"></td></tr>
<tr><td>改進意見</td><td colspan="3"></td></tr>
<tr><td rowspan="3">準備工作</td><td>對準備工作的評價</td><td colspan="3">□非常好　□較好　□一般
□不理想　□極差</td></tr>
<tr><td>原因分析</td><td colspan="3"></td></tr>
<tr><td>改進意見</td><td colspan="3"></td></tr>
<tr><td rowspan="3">執行過程</td><td>對執行過程的評價</td><td colspan="3">□非常好　□較好　□一般
□不理想　□極差</td></tr>
<tr><td>原因分析</td><td colspan="3"></td></tr>
<tr><td>改進意見</td><td colspan="3"></td></tr>
<tr><td colspan="2">活動效果的總體評價</td><td colspan="4">□非常好　□較好　□一般　□不理想　□極差</td></tr>
<tr><td colspan="2">後附促銷活動總結報告</td><td colspan="4"></td></tr>
</table>

5 動作分解診斷，破解賣場銷售瓶頸

對影響店面業績的六大環節，進行初步診斷，找出解決問題的方向，對每一個環節進行具體的動作分解，更加詳細地診斷自己的店面。

表 7-5-1　「進店數」動作診斷與破解

動作分解	動作分析與破解
店面位置	如果店面位置較差，要麼在店面所在市場入口處進行廣告推廣，要麼在主要通道口對顧客進行攔截和引導，要麼在本店門口進行一定方式的動態吸引
裝修風格與檔次	風格與檔次能否與左右店面具有明顯差異，店外15米觀察能否看清店內陳設
店內動態感	店內是否有播放音樂或視頻等，店外5米能否被該音像吸引
門頭吸引力	門頭能否與左右店面明顯區分，店外15米是否具有「第一」印象
櫥窗吸引力	櫥窗設計是否有個性，能否讓顧客駐足欣賞
海報吸引力	海報設計是否具有吸引力，陳列位置是否方便看到，內容是否具有吸引力
產品陳列吸引力	能否吸引店外5米的眼球，有沒有專設吸引力產品等
導購員拉力	是否處於積極的工作狀態，能否有效拉動路人進店

表 7-5-2　「留店率」動作診斷與破解

動作分解	動作分析與破解
店面體驗感	店面是否整潔，氣氛能否讓人放鬆，有沒有人性化配套設施
導購服務	顧客進店3分鐘有沒有一杯水之類的特定服務，導購員是否主動提供服務
是否被動式介紹	是否跟隨式地介紹產品，是否被動式地應答顧客，是否具有變被動為主動的溝通能力
是否逼迫式介紹	是否只顧自己講解，是否只顧介紹自己喜歡的產品，有沒有引導顧客多說話
顧客是否找到喜歡的產品	有沒有詳細地詢問顧客的需求，有沒有針對顧客需求講解產品，你的產品是否和顧客需求相差甚遠
是否提前進入價格階段	導購員有沒有自己先提及價格，顧客開口問價導購員能否有效轉移
沉默型顧客是否有效接待	是否有效把握接近沉默型顧客的時機，針對沉默型顧客的拒絕，能否有效化解，有沒有設定針對沉默型顧客的服務
是否針對需求介紹產品	有沒有瞭解到顧客的真實需求，對不願意說出需求的顧客能否有效應對，有沒有引導顧客需求
是否引導顧客體驗產品	有沒有設定產品體驗環節，導購員是否主動要求體驗，是否有效引導顧客體驗，體驗的過程是否具有充分的互動性
導購員專業性	是否掌握核心賣點的話術和展示方法，每項賣點的表達和展示能否達到5分鐘以上

表 7-5-3　「就座率」動作診斷與破解

動作分解	動作分析與破解
休閒區的舒適感	休閒區是否舒適，是否能讓顧客放鬆
導購員引導就座	有沒有主動引導就座，引導就座的理由是否充分
引導就座時機的把握	顧客對產品充分瞭解後、顧客提出異議時、討價還價時、顧客對某個問題點沉思時、顧客在店內徘徊時、顧客體力疲倦時

表 7-5-4　「回頭率」動作診斷與破解

動作分解	動作分析與破解
顧客對產品的認可程度	導購員有沒有充分展示賣點，顧客異議是否有效化解，顧客是否認可產品，顧客購買意向是否真誠
顧客對價格的認可程度	價格是否超出顧客預算，顧客索要價格與你的最低價相差多遠
顧客離店原因	顧客離店是否存在藉口，顧客離店的真實原因是什麼，顧客離店時有沒有化解真實原因
離店時是否給足了面子	有沒有對顧客不買表示理解和認同，有沒有表示歡迎再次光臨，有沒有笑臉相送以示誠意
離店時是否再次強調產品賣點	是否清楚顧客對產品的最大興趣點，有沒有再次拋出產品最具誘惑力的一兩個賣點

表 7-5-5　「簽單率」動作診斷與破解

動作分解	動作分析與破解
主動提出簽單的意識	提升主動促成的意識，提升簽單技能
顧客購買慾望程度	顧客是否充分認可產品，是否對某一問題左右徘徊，是否總是徵求朋友建議，是否總是討價還價等
顧客最後異議的化解	能否把握影響簽單的最後異議是什麼，有沒有盡力幫助顧客化解
顧客對導購員的信任度	顧客是否在最後的時候還提出苛刻的異議和要求，有沒有暫停簽單，放緩下來探尋顧客的真實想法，從顧客角度出發解決問題，恢復信任度
簽單時機的把握	能否辨別簽單時機，能否抓住簽單時機
有效簽單的能力	簽單技巧的熟練使用，有效化解顧客拒絕簽單的能力

表 7-5-6　「重覆購買率」動作診斷與破解

動作分解	動作分析與破解
購買時的滿意度	對產品的滿意度，對導購員的滿意度
購買後的增值服務度	服務項目的設置及執行
主動挖掘顧客價值	促動顧客本人重覆購買，挖掘顧客身邊的「潛伏」型顧客

6 商場如何做好促銷活動

一、如何做好促銷活動

1. 要有詳密週全的計劃，使促銷活動自始至終都在掌握之中。

2. 加強推銷話術，並力求統一化且力求變化、新穎，樹立獨特風格。

3. 自製海報、POP、製造熱鬧的販賣氣氛，以增加對顧客的吸引力。

4. 加強顧客資料管理，更有效、更準確地招徠顧客。

5. 早日做好商圈整頓，瞭解顧客、拉攏顧客，才能配合促銷活動，進行訪問販賣，提高成交率。

二、商場舉辦促銷活動的推進日程表

1. 生產廠商與商場合辦促銷活動

時間	實施專案	參與人員	實施要點
1 個月前	第一次 籌備會	聯誼營幹部 公司業務代表	1. 確定活動名稱、方式、期間 2. 預估費用預算及要求公司配合事項 3. 由轄區營業課製成初步計劃，報回總公司。 4. 初步計劃轉達聯誼舍舍員

續表

時間	實施專案	參與人員	實施要點
20 天前	第二次 籌備會	參加活動全體會員促進課 人員公司業務代表	1. 修正第一次籌備會計劃 2. 促進課報告公司可支持的程度。 3. 確認廣告宣傳方式及助成物。 4. 設定活動目標。 5. 推選活動委員，分別負責督促工作要點的實施。 6. 預估參加經銷商海家分攤的費用，決定預繳金額。
18 天前	繳交分攤 費用預繳款	轄區業務員	
10 天前	第三次 籌備會	活動委員公司業務代表	1. 確認各種廣告稿件、媒體 2. 決定助成物 3. 分配工作
5 天前	分發各種助 成物至各店		
3 天前	召開店內 員工會議	各參加店的 員工	1. 說明活動內容 2. 分配目標 3. 統一話術 4. 精神武裝
2 天前	店面總整理	店內員工 轄區業務員	1. 清點庫存，充分進貨 2. 陳列商品，重新整理 3. 標價卡全部換新
當天	活動開始	店內員工 轄區業務員	1. 張貼懸掛各種助成物 2. 加強來客應接 3. 銷售情形記錄
活動結束	成果檢討會	參加活動全體會員公司營業人員	1. 公佈成果 2. 結算費用，多退少補 3. 檢討得失，做下次活動參考

2. 由商場自辦的促銷活動

時間	實施專案	實施要點	參與人員
30 天前	初步籌劃	1. 確定活動名稱、方式、期間 2. 編列費用預算 3. 擬定活動計劃	經銷商老闆 公司業務代表
25 天前	確認活動注意事宜	1. 確認廣告宣傳方式及助成物 2. 協商公司支持程度 3. 宣傳印刷助成物設計、完稿 設定活動目標	經銷商老闆 公司業務代表 促進課
20 天前	資料整理	1. 宣傳印刷助成物發包製作 2. 顧客資料總整理	經銷商老闆 店內員工
10 天前		確認各種廣告稿件、媒體	
5 天前	精神武裝開始	1. 宣傳、助成物印製完畢、交貨 2. 寄發 DM 3. 召開店內員工會議 ①說明活動內容 ②分配個別目標	經銷商老闆 店內員工 公司業務代表
2 天前	店商總整理	1. 清點庫存、充分進貨 2. 陳列商品、重新佈置 3. 標價卡全部換新	經銷商老闆 店內員工 公司業務代表督導
1 天前	展開宣傳	1. 分發宣傳單 2. 媒體連系再確認	經銷商老闆 店內員工 公司業務代表督導
當天	活動開始	1. 張貼懸掛各種助成物 2. 加強來客應接 3. 銷售情形記錄	經銷商老闆 店內員工 公司業務代表督導
活動結束	成果檢討會	1. 公佈成果 2. 結算費用 3. 檢討得失	經銷商老闆 店內員工 公司業務代表督導

第八章

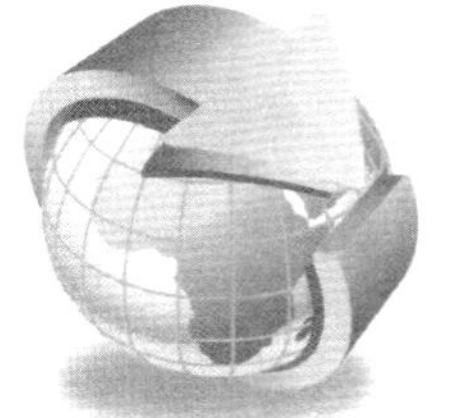

賣場的商品價格管理

1 十八種商場價格方法

定價不僅是一門科學，更是一門藝術。定價方法側重於從量的方面對商品的基礎價格做出科學的計算，而定價策略則是運用定價藝術和技藝，根據市場的具體情況制定出靈活機動的價格。

消費者的價格心理複雜而又微妙。一些消費者認為貨真價實的商品，另一些消費者可能認為價格太高。即使同一消費者，對不同商品價格的心理反應差別也很大。市場上常常可以看到這種現象：商品越是大幅度削價，消費者越是不買；而有些商品的價格越高，銷售量也就越高。這種反常的消費現象背後，隱藏著種種價格心理。心理定價即根據顧客在售貨現場的心理制定價格，主要有以下形式：

1.「不二價」

它是指商場對於本商場出售的商品都只定一個固定價格，不允許討價還價。「不二價」讓人產生信賴感，是常用的方法。有時也會滿足消費者高消費的心理，使顧客感到消費這種商品與其地位、身份、家庭等方面協調一致，從而迅速做出購買決定。

2. 彈性定價即允許顧客對售價還價

這種定價方法是針對喜歡講價的顧客，這類顧客認為商家總是標虛價黑著心賺錢。而討價還價後，自己買到的商品比定價低一些，就會有一種成就感和滿足感。一般來講，商場制定彈性價格需要高額的初始價格，並配備合格的銷售人員。

3. 奇零定價(尾數定價)

奇零定價即保留價格尾數，採用零頭定價。如價格為 9.98 元，而不是 10 元，使價格保留在較低一級檔次。奇零售價一方面給人以便宜感，另一方面又因標價精確給人以信賴感，滿足顧客求實、求廉的消費心理。

4. 整數定價

它與尾數定價相反，一律不保留零頭。這是為迎合另一部份人「求名」的消費心理而採取的定價策略。對於一些名店、名牌商品或高級商品，採用整數價格會抬高商品的「身價」，進而提高消費者的「身份」。此外，整數定價還有便於結算、增加商場贏利等特點。其適用範圍是貴重商品、禮品，以及能夠顯示消費者身份地位的顯露性消費品，目標顧客是經濟地位優越和社會地位較高的購買者。

5. 聲望定價

它是利用商場的名聲、威望和名牌商品的市場地位，把價格定得高於同類商品。這種價格策略有利於樹立商場形象，提高商品的市場地位，增加商場贏利，但不能吸引廣大消費者購買，難以銷售大量的商品。

6.招徠定價

商品價格若低於其市場的通行價格，總會引起消費者興趣，這是一種「求廉」的消費心理。有些商場把經營商品中的一種或幾種商品價格定得較低，以吸引廣大消費者進店，不僅購買標價低的商品，同時順便購買連帶商品，從而提高了商場的銷售總收入。

招徠定價一般用於頻繁地購買全國性商標的、週轉率高的商品。因為顧客容易覺察這些商品價格低，並能夠帶給商場很大的客流量。例如，在一些商場中，最暢銷的商品是膠捲。膠捲是招徠定價的理想商品，因為顧客都很清楚膠捲的價值而極有可能增加購物頻率，從而增大購買量。

運用招徠定價法主要有四種情況。

⑴將少數幾種本小利薄的日用品低價出售，使消費者受此吸引而經常光顧本店。

⑵把相互有補充關係的商品區別定價，有意識地把主要的耐用商品價格定得低些，把從屬的、消耗大的商品價格定得高一些。由於主要商品價值大，消費者購買次數少，對價格又比較敏感，所以適當降低這種商品的價格，既能使消費者滿意，商場損失也不大。最主要的是以此種商品的低價招徠消費者。誘導消費者購買主要商品後，繼續大批量地購買消耗大的從屬性的附件和材料等，就可以保證商場獲得最大的整體利益。

⑶對同一商場銷售的商品，按不同的原則定價，將有些商品價格調高，有些商品價格調低，以便招徠顧客。

⑷高價引客。既然招徠定價是針對消費者對不同商品的消費心理，以及不同消費者的消費特點靈活定價的一種方式，所以招徠並非一定是超低價，有時，超高價也具有很好的引起消費者注意的作用。

某商城裏有種 30000 多元一隻的打火機，引起了人們的興趣，許多人都想看看這「高貴」的打火機到底是什麼樣子，於是，該商城裏平添了不少前來一睹打火機為快的人。其實，這種高價打火機樣子極平常，擺在櫃台裏較長時間無人問津，但它旁邊的 300 元一隻的打火機卻銷路大暢。許多打算目睹 30000 多元一隻的打火機「風采」的人，順便在那裏購買不少物品。

7. 習慣定價

習慣定價即按照消費者的習慣價格心理制定價格，或叫「例行定價」。如報紙、糖果、香煙這類日常消費品的價格，通常易於在顧客心中形成一種習慣性標準。符合其標準的價格被順利接受，偏離其標準的價格則易於引起疑慮。高於習慣價格常被認為是不合理的漲價，低於習慣價格又可能使消費者懷疑是否貨真價實。

8. 自動降價

西方國家的不少商場，實行部份商品或全部商品「自動降價」的定價策略。所謂的「自動降價」，實際是針對消費者心理採用的一種營銷技巧。主要做法是：

⑴標出商品價格及首次上架時間。

⑵確定商品價格折扣幅度和不同價格的保持時間，將其公佈於眾。

⑶在整個銷售過程中，對商場的商品擁有量保密。

運用這種定價技巧的關鍵問題是把握價格折扣率和不同價格的保持時間。當然，若在銷售過程中洩露了商場存貨數量，這種技巧就沒有什麼刺激性，商場也會遭受不必要的損失。

9. 折扣定價

折扣定價是商場在消費者大量購買時給予一定比例折扣的一種

策略。採用折扣定價有兩個理由：第一，商家想使顧客增加對一個品種的購買量；第二，折扣定價使商場能清除滯銷貨和季尾商品。

10.現金折扣

現金折扣也稱付款期折扣。即對現款交易或按期付款的顧客給予價格折扣。其目的在於鼓勵顧客提前付款，以加速企業的資金週轉、減少利率風險。現金折扣的大小一般根據提前付款的天數和風險成本來確定。

11.數量折扣

數量折扣是指商場為了鼓勵顧客大量購買，或集中購買一種商品，根據購買數量給予不同的價格折扣。數量折扣分為累計數量折扣和非累計數量折扣兩種形式：

①累計數量折扣，即對一定時期內，累計購買數額超過規定量的給予價格優惠。目的是與顧客保持長期穩定的關係。

②非累計數量折扣，即對一次購買量達到規定數量或金額標準的給予價格優惠。目的是鼓勵顧客增加每次購物的購買量，便於商場組織大批量銷售。

商場通常不可能儲備所有不同價格水平的商品，而運用「底價」以吸引具有類似價格偏好的某個細分市場，所以商場集中經營低價的、中等價格的或高價的商品，商場在選定價格幅度之後，再在這個幅度內設定數目有限的若干價格點。

12.分檔定價

它是把商品分為不同的檔次，每個檔次確定一個價格。這種策略體現了商品的質量差價，給顧客以定價比較認真、準確的感覺，同時又避免一種規格一種價格的繁瑣。其適用範圍是服裝、鞋帽等規格複雜的商品，以及有品質差異的蔬菜和副食品，目標顧客是對商品規格和質量有不同要求的顧客。

13.綜合定價

綜合定價，是指商場從追求整體效益最大和動態最優出發，對所經營的各種商品及細分的目標市場進行最佳的價格組合。根據系統論原理，商場在對某一商品採取不同的價格策略時，還須綜合配套、動態優化，這樣才能順利地實現商場的定價目標。

14.替代商品綜合價格策略

替代商品是指用途大致相同，消費中可以互相代替的商品。替代商品價格策略是商場為達到某種營銷目的，有意識地安排本商場替代商品之間的價格比例而採取的定價措施。對於有替代關係的商品，提高一種商品的價格，不僅會使該商品銷量降低，而且會同時提高其替代商品的銷量。商場可以利用此效應來制定組合價格策略，通過適當提高暢銷品價格、降低滯銷品價格使兩者的銷量相得益彰，從而增加商場的總贏利。

15.互補商品綜合價格策略

互補商品是指需要配套使用的商品。互補商品價格策略是商場利用價格對消費連帶品需求的調節功能來全面擴展銷量所採取的定價技巧。對於互補商品，有意降低購買頻率低、需求彈性高的商品價格，同時提高購買頻率高而需求彈性低的商品價格，會取得各種商品銷量全面增長的效果。例如，降低 CD 機的價格，而提高 CD 光碟的價格，就是對互補商品價格策略的實際應用。

16.連鎖品的綜合定價策略

連鎖品是指存在投入產出關係的商品，如商場的五金部既整件出售自行車，又出售各種零件。這些原料、半成品與成品，或零件與整機之間的價格變動具有雙向聯動效應，即原料、零件價格的升降會導致半成品、成品或整機成本的升降，引發其價格漲跌；反之，後者價格的升降也會拉起或緊縮對商品的需求，使前者價格相應漲跌，從而使連鎖品價格比值穩定在某個參數上，而不致相差甚遠。例如，據有關方面統計，衣料與成衣的比價大體為 1：1.6。

17.銷售與服務綜合定價策略

對於大件耐用消費品，消費者往往擔心能否長期安全使用，或擔心搬運難，怕損壞，怕維修難，怕易耗件不易買到，等等。這些擔心都會影響產品的銷售和商場的收入。商場改變單純制定銷售價的辦法，變為銷售與服務「一攬子」綜合定價，即將提供商品售後服務的費用(包括送貨上門、代為安裝、調試、附送易耗件、三包期內上門修理的費用)算入銷售價格內，並將售後服務措施公佈於眾，這就可以消除顧客的心理障礙，大大促進銷售。

18.虧損前導定價策略

虧損前導定價策略是指商場以某一種或幾種商品作為前導，以低於成本的價格銷售，以吸引廣大顧客在購買廉價品的同時，購買某系列或相關的商品，從總體上擴大銷售和增加贏利。實行虧損前導定價應具備的條件是：商場經營品種、規格、花色多而全，可以任憑消費者選購；前導商品具有吸引力，消費者對其價格反應敏感，需求彈性較大；前導商品具有互補品，或形成系列；前導商品在商場全部經營商品中比重較小，能保證其虧損可以在其他商品的擴大銷售中補償。

2 賣場的商品調價

店鋪應根據自身經營商品種類、目標顧客群不同，分別採取不同的價格調整策略，以達到最佳的效益。

在某些情況下，如果店鋪要提高商品價格，就必須講究技巧和方法。提價幅度不能太大、想辦法提高商品的品質、公開店鋪經營的真實成本、適當增加店鋪商品的數量、選擇適當的時機進行提價、可以選擇對商品分批提價、透過取消折扣的方式提價等都是店鋪可採用的提價技巧。通常，顧客對提價都抱有反感心理，但如果能提之有理、漲之有因，消費者也是能夠坦然接受的。

一般而言，顧客對降價的反應都比提價好，但即便是這樣，店鋪經營者也要注意降價的技巧。降價可分為直接降價和間接降價兩種。直接降價是指店鋪直接降低產品的價格，多發生在一次性出清存貨或自動降價時。間接降價是指在不宜採用直接降價或直接降價不能達到目的時而採用的降價方式。

間接降價方式主要有饋贈物品、增大各種折扣的比例、增加額外費用支出和提高商品品質而價格不變。

賣場應根據本企業所經營的商品種類的不同，目標市場、目標顧客群體的不同，分別採取不同的價格調整策略，以達到最佳的效益。

1. 高級商品價格調整策略

商場所經營的高級商品，其目標顧客群大多是高收入階層或是禮品餽贈者。他們的消費心理一般是把價格作為自身社會地位或經濟地位的象徵，無論是自用或是贈送，都與其身份相聯繫。因此，消費者對於高級商品的關注焦點在於質量保證與地位顯示，而消費者對於這兩種功能和判斷幾乎只是依據價格的高低這一標準。因此，對於高級商品的價格調整，尤其對於降價，要慎之又慎。因為降價會動搖消費者對於高級商品質量的信心，懷疑此商品原來的定價，進一步懷疑商家的信譽。

2. 中檔商品價格調整策略

在商場所經營的商品之中，中檔商品一般是主角，這是由目標市場的規模決定的。因此商家對於經營的中檔商品，應花大力氣對其價格體系進行調整，以達到整體利潤最大的目的。因為，消費者購物是一個學習的過程，購買前需瞭解商場資訊，購買之後，要使用，要評價，同時對商品、對企業也就有了一個印象。所以，商家應借助於廣告、宣傳等手段把商品價格調整的資訊(對於中檔商品，主要是降價資訊)傳達到消費者，這樣消費者在購物時就會首先考慮。當商家調低價格降低消費者購物的風險，從而吸引消費者前來購物時，實際上是促使消費者在本商店購物。

3. 低檔商品價格調整策略

低檔商品的主要購買者是中低收入階層，他們對價格非常敏感，常常是微小的價格上調，就會引起他們的強烈不滿而拒絕購買。同樣，即使是價格微小的下跌，也會刺激他們的購買欲望。同時，由於大多數中低收入階層受教育的程度比較低，受外界影響的可能就比較大，很容易受群體的暗示而購買。因此，商家對於所經營的低檔商品，要經常挑選一些日常生活用品打折，配合賣場的佈置和氣氛的營造，刺激他們的購買欲望，以最終達成交易。

總之，商場應根據自己的長期戰略目標，分析特定的目標市場，構造自己的價格結構體系，靈活地做出價格調整，以適應市場情況的變化，最終達到長期利潤最大化的目標。

價格調整有兩種形式，即提價或降價。提價，是在原有價格之上追加零售價格，這是在需求出乎意料時或成本上升時運用的。商家最常用的價格調整方式是降價。顧客常常從不同角度來理解和解釋降價，諸如：

①該商品將被更新的型號所替代；

②該商品退貨量大，商場庫存積壓；

③該商品的旺季已過；

④該商場已陷入財政困難等。

這些解釋對商場減價銷售帶來不利影響，並且可能損害商場形象。所以，非常有必要實施降價控制，但不能把控制理解為一切降價都能減少到最小限度或可以消滅降價。

確定商品降價幅度，應以商品的需求彈性為依據。需求彈性大的商品，只要有較小的降價幅度，就可以使商品銷量大增；相反，需求彈性小的商品，需要有較大的調價幅度，才會擴大銷售量。但是，由於需求彈性小的商品，降價可能會引起銷售收入和銷售利潤減少，所以掌握調價幅度時要慎重。商場調價時應考慮的最重要因素，還是消費者的反應。因為調整商品價格是為了促進銷售，實質上是要促使消費者購買商品。忽視了消費者的反應，銷售就會受挫，而根據消費者的反應調價，才能收到好的效果。

然而實施降價控制時必須能夠對降價做出估計，並修改最近各期的進貨計劃，以反映每次實行降價的理由。例如，季節終了，為與競爭者的價格相抗衡，陳舊商品、過時的式樣等都可以作為採購員的記錄事項。

實施降價控制使商家能對商場各項政策的執行情況進行檢查，例如檢查商品的儲備方式，檢查最近的新商品驗收情況等。而且，商家經過仔細籌劃，可以靠增加廣告宣傳更好地訓練雇員並給他們較好的報酬，在分店之間更有效地分配商品以及退回賣主等辦法，來避免某些降價。

3 賣場的降價策略

商家會發現降價時機的選擇是非常重要的。在差不多所有的情況下，商家會發現某種商品必須減價，但是，要做出決定，關係重大，要考慮時機的選擇，考慮如何迅速地貫徹執行。儘管商家們對於降價時機有不同的看法，但必須在保本期內把商品賣掉卻是共識。在保本期內，可以選擇早降價、遲降價、交錯降價和全店清倉。

1. 早降價

注重比較高的存貨週轉率的絕大多數商場採用早降價策略。採用早降價有許多好處：

①在實行這一策略的情況下，當需求還相當活躍時就把商品降低價格出售；

②同在銷路好的季節後期降價相比，實行早降價策略只需要較小的降價就可以把商品賣出去；

③早降價可以為新商品騰出銷售空間；

④商場的現金流動狀況得以改善。

2. 遲降價

遲降價策略的主要好處是能有充分的機會按原價出售商品。可是以上列舉的早降價策略的種種有利之處，正是遲降價政策的不利之處。季節性商品，在季末的時候，假使以打折出售，雖然虧本，但這筆貨款可再投資於其他商品上，再創下次機會，總比把商品積壓八九個月要好得多。

3. 交錯降價

除了遲、早的選擇，商家還可以運用交錯降價的方式，就是在銷路好的整個季節期間價格逐步下降。這種政策往往是和「自動降價計劃」結合運用的。在自動降價計劃中，降價的金額和時機選擇是由商品庫存時間的長短所制約的。表 8-3-1 為某一商場的降價計劃表。這樣的一個計劃保證了庫存更新和早降價。

表 8-3-1　某商場的降價計劃表

庫存時間	降價率(按原價)
14 銷售日	20%
21 銷售日	40%
28 銷售日	60%

4. 全店出清銷售

全店出清銷售是指商場定期降價的一種方式，通常一年搞兩三次。這種策略可以避免頻繁的降價對正常的商品銷售的干擾。因此，顧客會懂得每半年一次或一年一度的出清存貨大減價。此時所有的或者絕大多數的存貨是降價銷售的。這樣，愛買便宜商品的顧客，只是在很少一段時間內被吸引了進來。例如，美國的零售店，全年出清存貨一般一年搞兩次，常在耶誕節和美國獨立紀念日(7 月 4 日)等旺銷期之後舉行，其目的是在即時盤存和下一季節開始之前把商品清除出去。全店出清存貨比自動降價政策的優越之處在於：

①為按原價出售商品提供較長期限；

②頻繁減價會破壞顧客對商場正常定價政策的信任。

4 賣場標價作業

每一個上架陳列的商品都要標上價格標籤，以便顧客選購和收銀員計價收款。

1. 標籤打貼的位置

一般來說，賣場內所有的商品的價格標籤位置應是一致的，這是為了方便顧客在選購時對售價進行定向的掃描，也是為了方便收銀員計價。我們常常發現在收銀處，收銀員不斷翻弄商品尋找商品價格標籤的現象，這就是標籤打貼位置的不一致帶來的，大大降低了收銀速度。標籤的位置一般最好打貼在商品正面的右上角(因為一般商品包裝其右上角無文字資訊)，如右上角有商品說明文字，則可打貼在右下角。

2. 幾種特殊商品標籤的打貼位置

罐裝商品，標籤打貼在罐蓋上方；瓶裝商品標籤打貼在瓶肚與瓶頸的連接處；禮品則儘量使用特殊標價卡，最好不要直接打貼在包裝盒上，因為送禮人往往不喜歡受禮人知道禮品的價格，購買禮品後他們往往會撕掉其包裝上的價格標籤，由此可能會損壞外包裝，破壞了商品的包裝美觀，從而導致顧客的不快，這是理貨員特別要注意的，應從細微之處為顧客著想。

3. 核對商品相關信息

打價前要核對商品的代號和售價，核對進貨單和陳列架上的價格卡，調整好打價機上的數碼。

4. 價格標籤紙的使用

價格標籤紙要妥善保管，為防止不良顧客偷換標籤，即以低價格標籤貼在高價格商品上，通常可選用僅能一次使用的折線標籤紙。

5. 調價注意事項

商品價格調整時，如價格調高，則要將原價格標籤紙去掉，重新打價，以免顧客產生抗拒心理；如價格調低，可將新標價打在原標價之上。每一個商品上不可有不同的兩個價格標籤，這樣會招來不必要的麻煩和爭議，也往往會導致收銀作業的錯誤。商品的標價作業隨著 POS 系統的運用，其工作性質和強度會逐漸改變和降低。標價作業其重點會向正確擺放標價牌的方向發展，頻繁的打價碼作業不復存在，至多只有少量稱重商品的店內碼粘貼。現代技術對勞動強度的降低是顯而易見的。

5 賣場價格牌的管理

賣場價格標識是指所有用來傳達和表示商品銷售的標識。賣場的價格標識管理是賣場非常重要的管理內容。維護價格標識的標準和保持價格標識的統一與正確，是賣場營運工作的首要工作內容。

1. 價格標識的種類

⑴貨架價格標籤。用於陳列商品的貨架上，一般是可以活動的，並有指示方向。基本用於表示在正常銷售的貨架上的商品的價格。由於商品的不同類型的價格，價格標籤多有幾種不同的顏色以分別表示不同的價格。

⑵價格牌。用於表示促銷區域商品價格的資訊。一般的價格牌尺寸比較大，規格標準，多用電腦列印或印刷好的數字翻牌組成。

⑶ POP 廣告。一般是門店企劃部用人工手寫的 POP 廣告，廣告紙的規格標準，字體標準，資訊也比較豐富，除必要的商品品名描述、規格和價格外，還包含其他的內容，形式活潑幽默，極富吸引力。

⑷價格吊牌。它是指服裝、鞋類等商品，由於很難採用同一商品的標價方式，必須採用單品標價的方式，因此每一個商品上都必須有含有價格資訊的價格吊牌。吊牌的價格可以印刷或用打價槍粘貼，但所有的價格要與系統的掃描價格一致。

2. 貨架價格標籤的管理

貨架價格標籤的內容有：商品名稱、產地、等級、規格、含稅單價、計價單位、售價、大組號/小組號、條碼、貨號、供應商編號等。

價格標籤只用在貨架上所有陳列商品的價格表示。一般粘貼在貨架的層板上或放置在價格軌道(或價格托牌)裏,位置在該商品排面的最左端;標籤的方向優先選擇向上,只有在某些商品的價格標籤無法向上或不方便顧客觀看時,才使用向下的方向進行標示。

貨架價格標籤的標準如下:

(1)價格標籤必須是經過當地的物價管理政府機關批准的價格標籤才可以使用。

(2)價格標籤只能由 CSC 電腦中心辦公室列印,不能用手寫。

(3)商品的一個陳列位置只能有一個正確的價格標籤。

(4)價格標籤必須是正確的價格,規格與價格類型一致,資料與系統、廣告的價格隨時保持一致。

(5)價格標籤必須是清楚、乾淨、完整、可掃描的。

(6)價格標籤在貨架上的位置不許隨意移動,必須遵照陳列圖進行。

(7)價格標籤的類型使用必須正確,價格標籤的方向必須正確,當有兩個方向時,必須將其中一個不正確的方向去掉。

(8)價格標籤必須在系統新價格執行的非營業時間進行列印和更換。

(9)價格標籤實行申請流程,在 CSC 電腦中心室列印。

(10)價格標籤只能由正式職員進行更換,實習生、促銷人員不得更換價格標籤。

(11)過期作廢的價格標籤,必須進行處理,賣場的任何其他地方、任何時間不得有該類遺漏的價格標籤。

(12)因樓面人員的工作失誤導致價格錯誤和價格損失,將按相關的程序進行處理。

價格標籤的製作程序如下：

⑴列印申請。樓面人員填寫「價簽/標牌申請單」，主管批准申請，交到 CSC。

⑵ CSC 列印。CSC 人員根據緊急的程度在最短的時間內予以列印。

⑶ CSC 分發。CSC 將列印好的價格標籤分發到部門管理層的文件欄中。

3. 價格牌的管理

價格牌的內容有：商品名稱、商品的型號和規格、商品的原價、商品的現售價、商品的價格日期等。

價格牌的規格為：標牌的尺寸是標準的，紙張和顏色以及印刷的字體均有明確的規定。如將標牌分為小、中、大 3 種，小標牌用於 1.2 米高以下的貨架的端架；中標牌用於 2.3 米高以下的貨架的端架和兩個卡板面積以下(含兩個)的堆頭；大標牌用於 2.3 米高以上的貨架的端架和兩個卡板面積以上的堆頭。價格牌根據實際的營運要求，可以是單面的或雙面的，按價格的不同，可以設計出不同的標牌抬頭，如特價商品、驚爆商品、清倉商品等。

價格標牌的位置，一般吊掛或置於不銹鋼的支架上，優先選擇商品的上方 50 釐米處，如需要放置在商品的旁邊或正中間等。

價格牌的標準與價格標籤的標準基本一樣。

4. 價格吊牌的管理

價格吊牌的內容有商品品名、尺碼、顏色、原料成分、條碼以及銷售的號碼。

價格吊牌的規格可以因店而異。有的店是使用供應商商品上自帶的吊牌，只在吊牌上打上銷售價格，另一種是零售超市自行製作的吊牌，規格、式樣統一。

服裝的吊牌多在主嘜頭上，鞋類則在鞋眼處。

價格吊牌的標準如下：

⑴吊牌的價格必須與系統中的價格隨時保持一致。

⑵吊牌採用一次性使用的方式，破壞後不能與商品相連。

⑶吊牌必須與硬防盜標籤在一起使用。

⑷吊牌上的價格不能將其他重要的內容，如成分、洗滌方法、供應商位址等遮蓋。

⑸吊牌上的價格必須是同一方向，如全部向上。

⑹服裝類(男裝、女裝、童裝、嬰兒裝)、睡衣、女士文胸、鞋類、毛絨玩具等需要吊牌。

6　商品價簽不要出現價貨不符

價簽也是商品管理的一部份，直接影響到銷售效果。但是很多對價簽管理往往不夠重視，導致出現價簽丟失、價貨不符等，給許多顧客帶來了類似錢先生的這種困擾。造成這種情況的原因很多，如有的是因為商品新上架、移換位置等，沒能及時把價簽貼上或移換，造成有貨無價或有價無貨等現象：有的是因價簽破損沒能及時發現並更換等。這種情況對門店的危害極大，一定要對此重視起來。

在商品銷售期間，由於某些原因價格發生變動是很正常的，但是，價格變動了，價簽也要隨之變動，否則將無法為顧客提供準確清晰的信息。且無論何種情況的價格變動，都應該保持價簽的整潔、無塗改，否則，容易造成顧客的誤會，影響超市的形象。營業員在製作和更改價簽的工作中尤其要認真、仔細，新的價簽應書寫清晰，粘貼牢固，舊的價簽應清理乾淨。

第九章

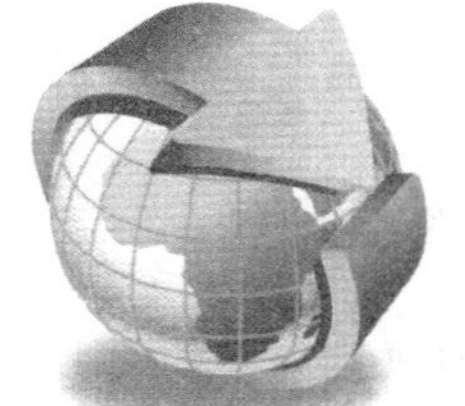

賣場的廣告物管理

1 賣場廣告的類型

賣場廣告亦稱為 POP 廣告。POP 的英文是「Point of Purchase Advertising」，意指「在購買場地所有能促進販賣的廣告」，或是「顧客購買時點的廣告」，也可以解釋為「店頭廣告」。

廣義的 POP 廣告指凡在購物場所，包括賣場週圍、賣場入口、賣場附近設置的廣告物，如商店招牌、櫥窗、店內裝飾、商品陳列、傳單、招貼、表演及有線廣播、錄影播放等形式的廣告都屬於 POP 廣告。

POP 廣告源於歐美，活躍於日本。POP 被稱為無聲的販賣員，能告知顧客商店內在銷售什麼，商品的位置配置，商店最新商品供應資訊、商品的價格、促銷商品的銷售等，除此還能將全店統一的氣氛活性化，促進賣場的活性。

由於自助式販賣經營的流行，POP 廣告已經從賣場設計考慮因素的次要變為主要。在競爭激烈的市場裏，如何取其優點做比較，改善缺點，掌握來店的購買動機，POP 扮演著舉足輕重的地位。如何能有效表現出 POP 的重點又不失美化市場效果，是 POP 實行的最終目的。

陳列在賣場，如櫥窗、地板、櫃檯、貨架等上面的廣告都屬於賣場廣告，當然廣義的賣場廣告還包括陳列在零售賣場的週圍、人口以及有商品的地方的廣告。由此，賣場的招牌、賣場名稱、門面裝潢、櫥窗佈置、賣場裝飾、商品陳列等，都屬於賣場廣告的範疇。

一、按使用形式分類

賣場廣告按使用形式分類，可分為以下類型：

⑴貨架賣場廣告。貨架賣場廣告是展示商品廣告或立體展示售貨，這是一種直接推銷商品的廣告。

⑵招牌賣場廣告。它包括店面、布幕、旗子、橫(直)幅、電動字幕，其功能是向顧客傳達企業的識別標誌，傳達企業銷售活動的資訊，並渲染活動的氣氛。

⑶懸掛賣場廣告。它包括懸掛在零售賣場中的氣球、吊牌、吊旗、包裝空盒、裝飾物，其主要功能是創造賣場活潑、熱烈的氣氛。

⑷招貼賣場廣告。它類似於傳遞商品資訊的海報，招貼賣場廣告要注意區別主次資訊，嚴格控制信息量，建立起視覺上的秩序。

⑸包裝賣場廣告。它是指商品的包裝具有促銷和企業形象宣傳的功能，例如，贈品包裝、禮品包裝、若干小單元的整體包裝。

⑹標誌賣場廣告。它其實就是我們已經介紹過的商品位置指示牌，它的功能主要是向顧客傳達購物方向的流程和位置的資訊。

⑺燈箱賣場廣告。零售企業的燈箱賣場廣告大多穩定在陳列架的

端側或壁式陳列架的上面，它主要具有指定商品的陳列位置和品牌專賣櫃的作用。

二、按使用目的分類

賣場廣告使用的目的無非有兩個，即促銷與裝飾，由此賣場廣告可分為促銷型賣場廣告與裝飾型賣場廣告。

⑴促銷型賣場廣告。它是指顧客可以通過其瞭解商品的有關資料，從而進行購買決策的廣告。其種類有手制的價目卡、拍賣 POP、商品展示卡等，使用期限多為拍賣期間或特價日，一般為短期用。

⑵裝飾型賣場廣告。它是用來提升零售企業的形象，進行賣場氣氛烘托的賣場廣告類型。其種類有形象 POP、消費 POP 招貼畫、懸掛小旗，使用期較長，但有季節性。

三、按使用的地點分類

賣場廣告按使用的地點可劃分為外置賣場廣告、店內賣場廣告及陳列現場賣場廣告。

⑴外置賣場廣告。外置賣場廣告是將零售企業的存在以及所經銷的商品告知顧客，並將顧客引入店中的廣告。

⑵店內賣場廣告。店內賣場廣告是將賣場的商品情況、店內氣氛、特價品的種類，以及商品的配置場所等經營要素告知顧客的廣告；

⑶陳列現場賣場廣告。陳列現場賣場廣告是在商品附近的展示卡、價目卡及分類廣告，它們幫助顧客作出相應的購買決策。

2 賣場廣告的作用

賣場廣告的作用是簡潔地介紹商品，如商品的特色、價格、用途與價值等，並刺激顧客的購買慾望。

賣場廣告執行的是一種商品與顧客之間的對話，沒有營業員服務的自助式銷售賣場的重要載體是 POP 廣告，賣場需要 POP 廣告來溝通與顧客的關係。面對貨架上琳琅滿目、五彩斑斕的商品，顧客必須自己做出選擇。賣場廣告已成為各零售企業開展競爭的一個重要手段。

一、賣場廣告的作用

賣場廣告的作用是促銷，是以其強烈的視覺傳達效果來直接刺激顧客的購買慾望，從而達到促進銷售的目的。同時賣場廣告還有展示形象的裝飾作用。

1. 促進銷售

⑴傳達零售企業商品資訊。商店的貨架上、櫥窗裏、牆壁上、天花板下、樓梯口處等的賣場廣告可以將新上市的商品全面地向顧客展示，使他們瞭解商品的功能、價格、使用方式以及售後服務等方面的資訊。賣場廣告可以吸引顧客進入零售企業；告知顧客賣場內在銷售什麼；告知商品的位置配置；告知商品的特性；告知顧客最新的商品供應資訊；告知商品的價格；告知特價商品；刺激顧客的購買欲。

⑵促進零售企業與供應商之間的互惠互利。通過賣場廣告，可以擴大零售企業及其經營商品的供應商的知名度，增強其影響力，從而促進零售企業與供應商之間的互惠互利。

⑶喚起顧客的潛在意識。零售企業雖然可以利用報紙、電視、雜誌和廣播等媒體向顧客傳達企業形象或產品特點，但當顧客走入零售企業賣場時，面對賣場眾多的商品，他們極有可能已將上述媒體廣告傳輸給他們的資訊遺忘了，他們不知道應該購買那種商品。而張貼、懸掛在銷售地點的賣場廣告則可以提醒顧客，喚醒他們對不同商品的潛在意識，使他們根據自己的偏好選購商品。

⑷使顧客產生購買願望，達成交易行為。賣場是最能誘使顧客掏腰包買東西的地方。大多數顧客進入賣場時，面對貨架上琳琅滿目的商品會感到迷惑，往日對不同零售企業商品的印象立刻變得模糊了，他們不知道購買那一種牌子的商品更好。這時如果能有賣場廣告來提醒，使他們大腦裏原有的零售企業商品印象清晰起來，就可以加速他們的購買行為。

2. 裝飾美化

賣場廣告的裝飾美化作用，具體表現在創造店內購物氣氛。

隨著顧客收入水準的提高，不僅其購買行為的隨意性增強，而且消費需求的層次也在不斷提高。顧客在購物過程中，不僅要求能購買到稱心如意的商品，同時也要求購物環境舒適。賣場廣告既能為購物現場的顧客提供資訊、介紹商品，又能美化環境、營造購物氣氛，在滿足顧客精神需要、刺激其採取購買行動方面有獨特的功效。

3. 塑造形象

賣場廣告具有突出零售企業的形象，吸引更多的顧客來店購買。據分析，顧客的購買行為分為：注意、興趣、聯想、確認、行動。所以，如何從眾多的零售企業中吸引顧客的眼光，達到使其購買的目的，賣場廣告功不可沒。同時，在賣場廣告都會將零售企業的名稱、標誌、標準字、標準色、形象圖案、宣傳標語、口號和吉祥物等印在上面，以塑造富有特色的企業形象。有些世界著名的品牌是賣場廣告上經常出現的一些標誌，它們已經為廣大媒體受眾所熟悉，已成為企業的一種專有標記。當廣大顧客接觸到這些圖案時，就會立刻明白它們代表那些企業。

二、不同類型 POP 賣場廣告的作用

POP 廣告類型多種多樣，在賣場所起的作用也不同，如下表 9-2-1 所示。

三、賣場廣告的特點

各種各樣的賣場廣告，其特點如下：

1. 視覺效果強

賣場廣告能夠充分利用銷售場所的空間，並利用多姿多彩的顏色、形狀各異的立體圖案、光線和照明等環境狀況，配合所陳列商品的大小和展示情況，來加強廣告宣傳的效果，提高顧客的視覺注意力，引起顧客的興趣愛好，從而引起衝動購買。

2. 形式多樣，方式靈活

賣場廣告的形式非常繁多，可以說只要是和商品有關的各種資訊提示物都可以稱之為賣場廣告，小到商場入口處張貼的商品宣傳畫，大到商場外面搭建的各種商品模型，都是賣場廣告。而且零售企業可

以利用賣場廣告形式來開展靈活多樣的廣告宣傳和促銷。

表 9-2-1　店頭、店內、陳列場所賣場廣告的作用

地點	種類	作用
店頭POP	店頭看板(招牌)、商品名稱	告訴顧客這裏有家商店以及它的經營特色
	櫥窗展示、旗子、布簾	通知顧客在進行特價大拍賣或營造選購氣氛，另外，給整個店季節帶來季節感，製造氣氛
店內POP	表示專櫃的 POP、售物場地的引導 POP	告訴進店的顧客，商品在什麼地方
	拍賣 POP、廉價 POP	告訴進店的顧客，在進行拍賣或大減價，並將拍賣內容或價幅度告訴他們
	告知 POP、優待 POP、氣氛 POP	告訴顧客商店的性質及商品的內容，也可以製造店內氣氛
	櫥櫃(陳列箱)、燈箱等	方便顧客選擇商品。另外，也可以保護商品，提高商品的價值和功用
	廠商海報、廣告看板、實際售物的場所	有傳達商品情報及廠商情報的功用
陳列場所POP	展示卡	告訴顧客商品的品質、使用方法及廠商名稱等，幫助顧客選擇商品
	牌架、分類廣告	告訴顧客廣告商品或推薦商品的位置、尺寸以及價格
	價格卡	告訴顧客商品的名稱、數量等等。另外，和購買的關係最直接的就是價格的標示

3.直接性

當賣場廣告設在顧客購物的現場或週圍，而這個地點正是銷售手段的最終點時，也是顧客接觸商品，從而決定是否購買的時點。因此，賣場廣告是一種最直接、最有效的宣傳，是無聲的「推銷員」，它能更快地幫助顧客瞭解商品的性質、用途、價格和使用方法等。

4.補充性

由於賣場廣告具有形式多樣、方式靈活的特點，因此它可以補充其他促銷手段的不足之處，可以為銷售現場製造熱烈的銷售氣氛，鼓舞顧客的情緒，激發顧客的購買慾望，從而達到提升銷售額的目的。

3 賣場廣告的製作

一、賣場廣告製作的要點

1.掌握賣場廣告構思過程

零售企業的任何賣場廣告都不是隨意推出的，必須經過一個週密的構思策劃過程，這樣才能達到最佳的廣告促銷與裝飾效果。其過程如下：

①瞭解賣場廣告的背景因素，配合新商品上市活動，並以既定的廣告策略為導向。

②瞭解消費的需求，引發最有創意的賣場廣告，刺激和引導消費。

③賣場廣告必須集中視覺效果。

④賣場廣告最好與媒體廣告同時進行。

⑤瞭解零售企業和週邊環境的顧客情況，並聽取零售企業各種人員的建議或意見，作為賣場廣告設計的依據。

⑥考慮好賣場廣告的功能、費用預算、持久性、製作品質、運輸等問題的綜合平衡。

⑦計劃好賣場廣告的時效性，因為賣場廣告是企業整體營銷計劃的一個組成部份，其時效性必須與營銷計劃同步。

2.領會賣場廣告的設計原則

零售企業賣場廣告設計的最基本要求就是獨特。無論是店外擺放，還是店中陳列，都必須新穎獨特，能夠很快地引起顧客的注意，激起他們「想瞭解」、「想購買」的慾望。具體來講，設計賣場廣告時，必須遵循以下原則：

①造型簡練、設計醒目。零售企業賣場廣告要想在琳琅滿目的商品中引起顧客的注意，必須以簡潔的形式、新穎的格調、和諧的色彩突出自己的形象。否則，就會被顧客忽視。

②重視陳列設計。賣場廣告的設計要有利於樹立企業形象，要注意商品陳列、懸掛以及貨架的結構等，要加強和渲染購物場所的藝術氣氛。

③強調現場廣告效果。零售企業賣場廣告是為了促銷，因此設計時必須深入實地瞭解零售企業的內部經營環境，研究經營商品的特色（例如：商品的檔次、質量、工藝水準、售後服務狀況等），以及顧客的心理特徵與購買習慣，以求設計出最能打動顧客的賣場廣告。

3.貫徹賣場廣告資訊的傳播原則

賣場廣告作為零售企業重要的促銷手段，必須十分重視其資訊傳達的準確性、邏輯性和藝術性。

①準確性原則。廣告是圍繞著商品促銷進行的，這就必須十分準確地把握零售企業這種特徵：日常性、便利性；準確地把握商品的特徵：實用、廉價；準確地把握顧客的消費特徵：顧客的類型、收入水準、對商品售價的反映度。

②邏輯性原則。賣場廣告是以視覺來傳達企業的促銷意圖和資訊的，因此要邏輯地建立賣場廣告的視覺形象秩序，要杜絕視覺形象的過多和過濫。這就要建立賣場中貨架、裝飾手段與商品之間的秩序關係，要做到井然有序、裝飾與渲染有度。

③藝術性原則。賣場廣告要達到的效果是促進銷售，因此在廣告形式和宣傳手段上必須「惟實」，而不能「惟美」，即不能不顧廣告效果的實際，片面追求廣告形式的純美的藝術性表現。

4.突出賣場廣告功能的傳達

賣場廣告的功能傳達是與顧客的購買過程相聯繫的，傳達過程在顧客購買過程中發揮的作用如表 9-3-1 所示。

表 9-3-1　賣場廣告傳達過程與顧客購買過程中發揮的作用

消費心理	消費動作	應使用的 POP
引起注意	注意店頭廣告	海報等
產生興趣	接近商品	展示陳列
喚起購買慾望	瞭解商品品質	商品說明書
品牌記憶	產生購買慾望，考慮購買	價目表、展示牌
購買	選擇拿取商品，付款	陳列架、收銀台

二、賣場廣告製作的工具

零售企業賣場廣告的設計製作的工具與材料非常廣泛，從手繪到電腦，從紙張、木料、液晶到金屬、皮革、塑膠等無所不包。隨著科學技術的不斷發展，新型材料大量出現，賣場廣告的設計製作材料也向多元化方向發展。而其工具則逐漸統一為用電腦。因此，這裏只介紹廣告設計的工具——電腦與最常用的材料紙張與塑膠。

⑴各種類型的紙。紙是設計賣場廣告最常用的、歷史最悠久的材料之一。它的最大優點是成本低廉，質地穩定，便於印刷，同時也是書寫的材料。賣場廣告設計人員可以在紙上印刷、繪製、書寫各種文字、圖案，調配各種顏色，以突出廣告宣傳的視覺效果。新穎別致的圖案、調和的色彩等，都可以在紙上將設計人員的創意淋漓盡致地展示出來。季節發生變化時，又可以低廉的成本迅速更換店面廣告。疊紙廣告以及剪紙廣告都非常具有特色，使廣告專家驚歎不已。

⑵塑膠。與各種賣場廣告製作材料相比，塑膠是賣場廣告材料家族中的「新秀」。塑膠是一種合成樹脂，具有防水、耐溫、質輕、無毒、無味、不易破損等優點。塑膠的使用性比較廣泛，大多數商品的賣場廣告都可以採用塑膠為製作材料。特別是各種顏色的吹塑紙運用在各種美術字體的製作，以及供應商用塑膠製成的各種賣場廣告更是佔了相當大的比例。

⑶筆與文具。賣場廣告設計製作的文具主要是針對手繪而言的，主要有筆，包括各種毛筆、鋼筆、油性麥克筆、粉性麥克筆、粉彩筆、普通粉筆、彩色鉛筆、普通鉛筆、排筆、平筆等。各種輔助文具，有切割墊板、界刀、直尺、三角尺、雙面膠紙、透明膠帶、剪刀、削筆刀、膠水、橡皮、平刷、抹布等。各種參考資料含色板書、POP字體書籍、繪畫參考書籍等。

⑷電腦。電腦作為一種賣場廣告的設計工具已得到廣泛的應用，由於其設計素材廣、速度快、易修改而得到設計人員的青睞。關於其

使用自是不必多說，但為了更好地完成設計，零售企業應為配備一兩台蘋果電腦(Mac)供專業設計人員使用，而不是普通的 PC 機，當然如果是 PC 機，則應儘量配置高性能的外設，如顯示器、掃描器、數碼相機等。至於軟體的裝配則應以 Photoshop 為主，同時也應裝齊 Coredraw、Freeland、Autocad、3DMax 等最新版本的流行圖像設計軟體。

三、手繪賣場廣告的製作

零售業中的許多賣場廣告都不需製作的，它們大都是用電腦設計好，並印刷出來，同時許多賣場廣告都由供應商提供，賣場只需陳列與張貼即可。但這些賣場廣告缺乏針對性，不能很好地把握顧客的特徵。因此零售企業必須有針對性地製作賣場廣告，即手繪賣場廣告，它最具靈活性，並且經濟，還會給顧客一種親切感，因此被各類零售企業廣泛地運用。

1. 手繪賣場廣告適用場合

手繪賣場廣告一般應用於以下商店或場合：

· 特價、優惠的商品或重點促銷的商品。

· 零售企業中明顯位置陳列的商品。

· 新商品的推廣。

· 季節性、流行性商品。

· 處於廣告活動中的商品。

· 節假日促銷活動的裝飾。

· 零售企業臨時性的各類通告、告示等。

2. 手繪賣場廣告文稿的製作過程

手繪賣場廣告文稿的製作過程如下：

構思廣告。主要構思的內容有賣場廣告的用途、特殊要求，如傳達的是商品促銷、特價資訊或節假日活動資訊等內容。

確定廣告內容。手繪賣場廣告的內容就是廣告的主題，它是由主標題和副標題以及簡單的文字說明。主標題是 POP 廣告中的重心，是整個廣告中最重要的部份；副標題是對主標題的補充說明或進一步詳細表達，往往具有畫龍點睛的作用；說明文則根據 POP 廣告的實際需要而確定，一般只有比較大型的促銷活動、抽獎活動的 POP 廣告才需要配有說明文。POP 廣告中的語言敍述是非常重要的，零售企業內廣告的內容最好是簡短、明瞭，閱讀時間不超過 1 分鐘，否則顧客沒耐心閱讀完。內容要富有激情、驚喜、緊迫感，能極大地刺激顧客的購買慾望並留下很深刻的印象，通過對比可以看出不同的語言，魅力不同的效果：

原來：「板鴨新上市」

改為：「今年新上市的南安板鴨，250 元」

圖案具有幫助顧客理解廣告的內容和美化版面的作用，比文字敍述更能激發顧客的興趣，更直接明朗地表達資訊。圖案包括插圖和裝飾圖案，插圖的選擇和創意不受限制，應多選擇形象性、象徵性的圖案。

POP 廣告中文字則包括中文、數字、英文等，不同的字體以及字體的大小的選擇，是創作成功 POP 廣告中的關鍵。特別是在零售企業中，POP 廣告的尺寸受陳列空間的限制，大部份都沒有插圖，文字和裝飾圖案的美觀、清晰、協調則成為決定廣告是否優良的重要因素。通常，主標題的設計必須清晰，可用幾種顏色，字體上附帶簡單的與主題有關的裝飾圖案，並採用立體、陰影、字體加框等方式突出主題。

例如，促銷草莓的主題和促銷阿里山瓜子的主題的文字創作就非常典型。副標題和文字說明，因字體相對較小，只要求字跡清晰、閱讀性強就可以，為避免版面過於死板，通常增加簡單的裝飾圖或改變文字的版面安排來加以改善。英文和數字的要求只要是容易閱讀、清晰完整即可。

版面的編排，在整個製作過程中，非常重要。一般編排的原則是重點突出、容易說明、美感動感協調統一。將廣告中所要包容的各項內容進行有效的包容、整和，從而形成一個完整的廣告意念。廣告編排需要考慮的因素主要有：說明文字、價格、圖案等大小的比例分配，主要文字與輔助文字的字體大小，文字行間距、字間距的選擇，整個廣告的輪廓線、分割線的確定等。

在正式製作 POP 廣告前，必須用筆簡單進行初稿的構圖，將主要的意圖、編排的草圖做出來，之後再正式繪製，直至定稿的完成。

4 賣場廣告的擺放與管理

賣場廣告的擺放對發揮賣場廣告的作用有很大的影響。賣場廣告是懸掛、張貼還是陳列，均要與賣場廣告的類型及所促銷的商品有關。同時，還要時刻對賣場廣告進行管理，如檢查有無掉字、褪色，位置是否正確合適等。

一、賣場廣告的擺放

各種賣場廣告在通常是以廣告畫、標識和卡片等各種各樣的方式擺放，包括分箱式和拋售箱式。這些賣場廣告提供店內商品位置的資訊，並刺激顧客購買。活動架是一種部份可活動的懸掛陳列，特別是能隨風而動，具有相同目的，但它更吸引人，且很顯眼。牆面賣場廣告也能增加商店氣氛，對擺放也有好處，特別是對主題擺放和整體擺放。如今，牆上甚至可以安裝電視監控器。

賣場廣告的擺放標準有：

· 賣場廣告類型使用是否正確，是否應該使用價格牌的地方使用了賣場廣告紙；不同類型的賣場擺放位置是否正確。

· 展示賣場廣告的方式是否恰到好處，是否優先選擇正上方的位置展示，支架使用的規格和位置是否正確等。

· 賣場廣告的具體位置是否與商品一一對應，以便客人能確定商品價格；是否阻礙商品。

· 懸掛的高度是否是吸引顧客的最佳目視高度。

所有的賣場廣告都是面向顧客發佈資訊，增加店內氣氛，並充當促銷角色，以下是幾種賣場廣告擺放的方式被大多零售企業全部或將其中一些結合起來使用。

1. 分類擺放

分類擺放賣場廣告是零售企業用來向顧客展示廣泛商品品種的擺放。採用開放式分類擺放的賣場廣告，在於鼓勵顧客感覺、觀看和/或嘗試許多商品。宣傳賀卡、書、雜誌和服裝用的賣場廣告就屬於分類式擺放。近些年，零售企業也擴大了諸如宣傳水果、蔬菜和糖果等開放式分類擺放商品用的賣場廣告。採用封閉式分類擺放的賣場廣告，在於鼓勵顧客觀看商品，但不能觸摸或嘗試。例如零售企業中的電腦軟體和唱片是預先包裝好的商品，不允許購買者在買前拆封。珠寶通常放在封閉的玻璃櫃中。必須由商店僱員親自打開。

2. 主題背景擺放

零售企業已把各種賣場廣告按一定主題展示擺放，使賣場營造出一種特定的氣氛或情緒。零售企業經常交換其賣場廣告以反映季節或特殊事件；一些零售企業甚至把員工的服飾也作為賣場廣告來配合不同的場面。零售企業的全部或部份賣場廣告可以適用一個主題，如春節、耶誕節、中秋節、情人節、國慶日或其他主題。每一特殊的主題賣場廣告都用於吸引顧客，使購物更有樂趣(而不是一件煩人的事情)。

3. 整體擺放

整體擺放的賣場廣告已經非常流行了。賣場廣告不是以分組、分部來展示商品(如鞋部、襪子部、褲子部、襯衫部、運動服部)，而是展示完整的總體效果。因此，零售企業會將時裝模特模型穿上搭配適宜的鞋、襪子、褲子、襯衫和運動服來作為一種賣場廣告，並且這些商品在一個商品部或鄰近商品就能容易地得到，顧客樂於輕鬆購物並喜歡能想像出整體著裝效果。

4. 掛架擺放

掛架擺放賣場廣告經常被零售企業運用，掛架賣場廣告有一個主要功能性用途：整潔地懸掛或展示商品。主要問題是商品可能擁擠在一起；顧客可能把商品放錯地方(因此打亂適當的尺寸序列)。最新的掛架擺放是使用滑動的、分體的、可伸縮的、輕質的漂亮掛架來擺放賣場廣告。

5. 櫃式擺放

櫃式擺放賣場廣告用來展示超過掛架承受力的較重、較大的賣場廣告。唱片、書、預包裝商品和毛衣等主要用櫃式陳列。

6. 開箱擺放

開箱擺放賣場廣告是一種低成本的擺放方式，即仍將賣場廣告放在原來的包裝箱內。超級市場和折扣商店的賣場經常採用開箱擺放，這些箱子不能創造出柔和的氣氛。

7. 拋售箱擺放

拋售箱擺放賣場廣告，是將廣告陳列在存放成堆的甩賣衣服、減價書和其他商品的箱子旁邊，同樣也不能創造柔和的氣氛。拋售箱與整潔、精心設置的陳列不同，它主要用於處理品的賣場廣告開放式分類擺放。優點是減少擺放成本和顯示低價形象。

二、賣場廣告的擺放程序

賣場廣告的擺放不是隨意的，也不能按供應商的一廂情願而擺放，特別是手繪廣告的擺放更要執行一定的手續，具體如下：

⑴使用部門申請。需要使用 POP 的部門提出書面申請，填寫申請單。

⑵批准/繳費。由管理層進行批准。若屬於為供應商製作的賣場廣告，需要繳費。

⑶提供製作資訊。申請部門提供 POP 廣告製作的相關資訊，包括用途、規格、語言、價格、插圖的基本要求等，廣告製作人員審核是否符合公司的標準或可否達到要求的效果，與申請部門進行資訊綜合、修改、添加等。

⑷廣告製作。確定具體的製作主題後，進行 POP 廣告的製作。

⑸廣告審核。廣告製作完畢後，申請部門使用前，核查以下內容：

· 商品品名、規格的描述是否正確。
· 價格、銷售單位的描述是否正確。
· 時間限制是否正確。
· 字體是否適中，顧客是否能看清。
· 字體是否容易辨認，顧客是否能看懂。
· 是否有錯別字、不規範字。

廣告擺放。按設計的最終方案進行擺放。

三、賣場廣告的管理

賣場廣告擺放完成之後並不是萬事大吉，零售企業還必須對其進行管理，管理的要點如下：

⑴賣場廣告的擺放高度是否恰當。

⑵賣場廣告的大小尺寸是否合適，是否依照商品的陳列來決定。

⑶廣告上是否有商品使用方法的說明。

⑷有沒有髒亂和過期的賣場廣告。

⑸廣告中關於商品的內容是否介紹清楚(如品名、價格、期限)。

⑹顧客是否看得清、看得懂賣場廣告的字體，是否有錯別字存在。

⑺是否由於賣場廣告過多而使通道視線不明。

⑻賣場廣告是否有因水濕而引起的捲邊或破損。

⑼特價商品賣場廣告是否強調了跌幅和銷售時限。

⑽賣場廣告的訴求是否有力。

⑾是否將供應商提供的賣場廣告及時擺放。

⑿供應商有無協助製作賣場廣告。

⒀供應商有無提供各種賣場廣告的器具。

⒁供應商有無指導賣場廣告的擺放。

四、POP 廣告的陳列改善

要想使零售店 POP 廣告達到理想的宣傳效果，合理的擺放必不可少。常常有這種情況，廣告物設計得很新穎獨特，但擺放得不合理，因而未能發揮出應有的效果，甚至適得其反。所以，POP 的擺放是策劃中的一個重要問題。具體而言，應注意以下幾點：

⑴如果要把 POP 廣告直接貼到玻璃櫥窗或牆壁上的話，必須注意的是橫長方形的要貼直，或者稍微向右上角傾斜；而豎長方形的廣告，也要豎直地貼下去，如果要傾斜的話，要把右上角傾斜。

⑵如果從天花板往下垂吊 POP 廣告物時，輕一點的東西可以用釣魚線，這樣看起來比較漂亮。但要注意垂吊的 POP 廣告不要和該商品離得太遠，以免顧客不知是那個商品的 POP 廣告。

⑶如果要把廣告物放在櫥窗或架子上的時候，要放在與顧客的視線(目光)成直線的地方，同時要注意不能遮擋商品。

⑷如果要把廣告物直接貼在陳列品上時，要注意廣告物絕對不能比商店還大。若要釘在人體模特身上時，要注意最好釘貼在模特的左胸上，對其他類的商品則貼在右下角。當然，如果想表現特殊的廣告效果的話，也可以視情況而定，不拘一格。

⑸其他的注意事項有：

① POP 廣告物陳列與擺放的位置要在顧客視線內的最佳位置，即離地面高度上限為 150 釐米，下限為 70 釐米。

② POP 廣告要設置在不會把商品遮蔽的位置，同時也要不妨礙顧客去觸摸商品。

③不能將 POP 廣告物直接用強力膠貼在商品上，也不能將商品打開小洞插入廣告，更不可直接在商品上描繪廣告圖案。

④設置 POP 廣告物時要考慮日後容易拆卸和轉移。

⑤將店鋪整體的 POP 廣告所用的文字、色調加以統一，使之單純化，並針對不同的銷售場所研究其擺放的方法。

5 要善用手繪 POP 廣告的優點

1. 手繪與電腦製作的不同之處

製作 POP 時，手繪與電腦製作有各自的特徵和不足。例如，手繪的最大特徵是洋溢著個性的版面設計，也反映出製作者的個人風格。而如果使用電腦，則可以製作出漂亮整齊的版面設計。

然而，使用手繪可以進行豐富的個性表達，但有時也會看到自我感覺良好實則不知所謂的 POP 情況。另外，用電腦製作時，版面設計整整齊齊，但枯燥無味且沒有人的情感，使人感覺冷冰冰，這也是不能否定的。

這些缺點部份，可以說是用手繪和電腦兩種方法分別製作 POP 的商店一定會遇到的問題。在召開 POP 製作研討會時，常常會出現類似的疑問。

	手繪	電腦製作
訴求要點	價格與感性的訴求 低價訴求	價格與功能的訴求 （訴求高檔感）
版面設計	有個性的版面設計 （創意）	整齊的版面設計 （保存、改版、可複製多張）
視覺	插圖	圖片、照片
印象	使人感到溫暖 （有時會讓人難以理解）	容易瀏覽 （有時也可能是冷冰冰的漢字）

2. 手繪賣場廣告的特點

⑴有極強的針對性

手繪賣場廣告能根據超市的商品陳列佈局、店面空間情況、促銷的商品以及促銷的手段特別繪製，完全適合超市促銷的要求，具有很強的針對性。

⑵製作靈活、快捷

手繪賣場廣告，不必經過嚴格的審查，也不必進行精密的構思，一切都是隨賣場及顧客的需求、商品的更換、競爭的需要、市場的變化而繪製的，因此製作靈活、快捷。

⑶費用極低

手繪賣場廣告的製作材料相當便宜，花費不大。但超市必須注意選用創意好、表現力強的手繪人員，儘管其薪酬稍高，但也是划算的。

⑷促銷效果顯著

手繪賣場廣告以其極強的針對性，強烈的視覺衝擊，同時融合了賣場的各種因素，因而能起到很好的促銷效果。

⑸具有親切感

由於用非常富有變化和親切感的文字、圖畫來製作，使 POP 廣告與顧客的溝通交流時，倍顯自然親切，給人一種輕鬆舒適、一目了然的視覺享受。

6 製作店頭陳列（POP 的案例）

一、對店頭商品的陳列下功夫

1. 將欲銷售的商品陳列在醒目處

目前銷售旺季的商品或廣告中的商品，必需陳列在顯著而令人一目了然的地方。

2. 將銷售重點商品與一般商品區別出來

將欲推銷的商品，貼上標籤、價格標示卡、其他的特殊指示物或將欲推銷的商品另做特殊的陳列台，讓顧客進門的時候能迅速地看見。

3. 設置新產品專櫃

將本店最新引進的新商品，或改良的新產品陳列在新產品專櫃內，長久持續下去，當新產品放置在專櫃內即可獲得相當滿意的效果。

二、如何製造出熱鬧的販賣氣氛

1. 將銷售標語連接張貼於櫥窗

將正在銷售的商品廣告宣傳標語，連接張貼於店面櫥窗或其他醒目之處，可製造店頭上熱鬧的銷售氣氛。

2. 將商品海報連接張貼

將商品海報連接張貼於店面櫥窗或其他醒目的地方，也可以製造出店頭上熱鬧的販賣氣氛。

3. 製造神秘的銷售氣氛

用木板或甘蔗板冊店面的正面圍釘起來，保留一個可讓顧客出入的門，在板子上貼滿標語或海報，可製造出神秘的販賣氣氛，誘發顧客探險掘寶的好奇心理，達到銷售的目的。

4. 懸掛橫、直招旗，製造氣氛

為了讓遠處的人也能看見，橫招旗應以店面寬度為準，直招旗長度至少要超過 2 層樓的高度，才能引起顧客的好奇心理。

5. 以氣球或其他小道具來製造店頭販賣氣氛

利用設計過的廣告氣球或其他廣告小道具來佈置店頭，並利用音樂或錄音來增加店頭販賣氣氛。

6. 海報張貼豎立於附近人行道

可將大廉價的海報張貼在商店前及附近的人行道旁，一方面可從事宣傳，另一方面可指引顧客上門，達成販賣的目的。

三、商場自製 POP 製作範例

店頭自製助成物(POP)的種類很多，包括 POP、Display、宣傳單、DM、價格標籤、海報等。

自製助成物(POP)，如能針對促銷主題，以形狀、材料、顏色及文字的變化，做出具吸引力又有趣味性及說服力的實物，懸掛或張貼於店頭，定能發揮意想不到的促銷效果。

下面針對幾項較常使用，製作方法簡單的助成物，將其要點、基本型式及做法，以簡單的範例提供各位參考，希望各位能夠靈活運用，促銷時能收立竿見影的效果。

1. POP 製作範例

①色彩要豐富突出。

②形狀力求變化。

③材料應新穎、便宜。

④文字造型構想要新。

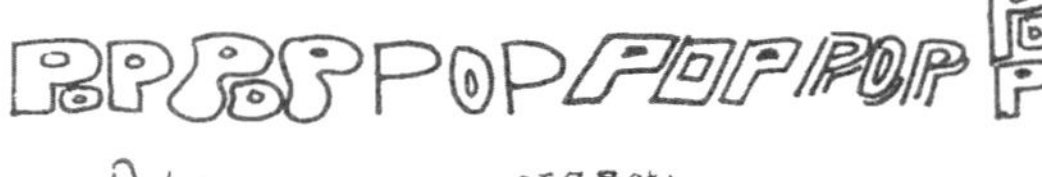

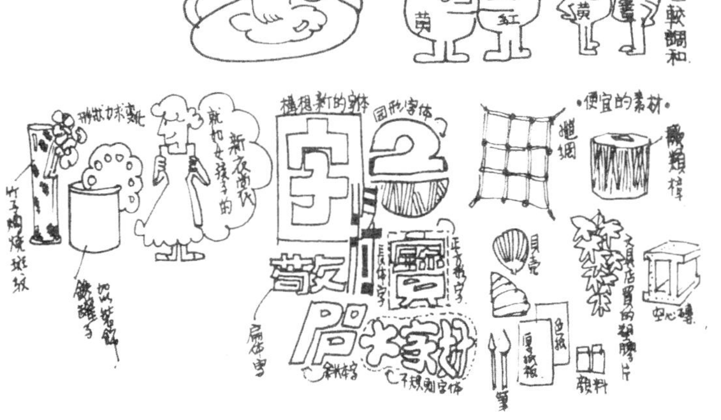

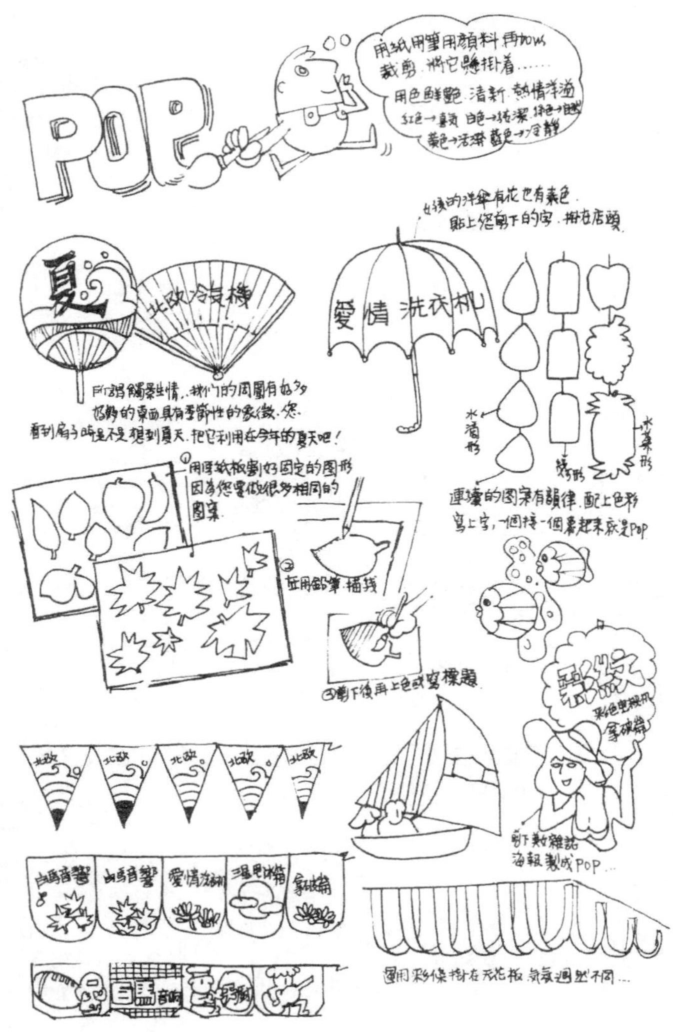
POP
用紙用筆用顏料再加以
裁剪，將它懸掛着……
用色鮮艷，清新，熱情洋溢
夏
北歐冷氣機
所謂觸景生情，我們的周圍有好多
好多的東西具有季節性的象徵，您
看到扇子時是不是想到夏天，把它利用在今年的夏天吧！
女孩的洋傘有花也有素色，
貼上您剪下的字，掛在店頭
愛情 洗衣机
水滴形
水果形
連續的圖案有韻律，配上色彩
寫上字，一個接一個串起來就是POP
①用厚紙板割好固定的圖形
因為您要做很多相同的
圖案
②先用鉛筆描线
③剪下後再上色或寫標題
北歐
剪下數雜誌
海報製成POP…
運用彩條掛在天花板，氣氛迥然不同…

2. Display 製作範例

①要能增加店內熱鬧的氣氛。

②顏色要與商品相互襯托。

③要能一目了然。

④要新奇、有趣。

⑤材料力求新奇、價廉。

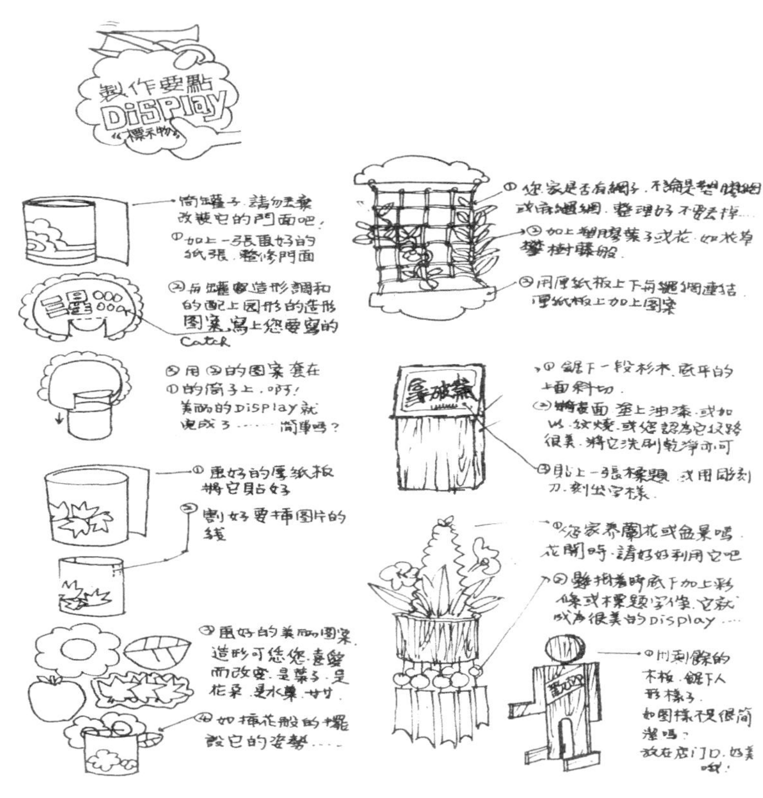

四、價格標籤製作範例

①價格標籤要明顯醒目。

②要有比較價格。

③配合商品放置。

④開關要有創意。

五、不要在店鋪濫用 POP

一項調查顯示：顧客在銷售現場的購買中，2/3 左右屬非事先計劃的隨機購買，約 1/3 為計劃性購買。而 POP 廣告利用精美的文案能向顧客強調產品具有的特徵和優點，挑動顧客的臨時購買激情，被喻為「第二推銷員」。

POP 廣告，就是指放置於店面的廣告物，例如，放在架子上的小卡片、小冊子或豎在門口的大型誇張物體或懸接在天花板上的標語等。買點促銷可以有效地吸引消費者對強化的商品或服務特加注意，並立即促成購買行為。但是，POP 廣告的使用也要講究技巧，濫用 POP 只會起到適得其反的效果。

店員們為了營造火熱促銷的氣氛，佈置了大量的 POP，但是從消費者立場來看，POP 在店面過度地濫用會使得他們不知所以，而且 POP 使用過多後就會令通道擁擠，讓人感覺淩亂。還有一種情況是，在一些大的商超，POP 廣告物往往是由廠商提供的，但是從零售商立場來看，這些 POP 廣告物都是以各自角度出發的，如果店員安置得不好，就可能使店面毫無特色，甚至雜亂無章。因此，店員一定要對 POP 廣告物有充分的瞭解，這樣才不會出現濫用 POP 的情況。

有一句老話叫做：最基礎的最重要。在很多店鋪中，經常可以看到 POP 廣告所示信息過時，文不對題，欠缺專業度。

第十章

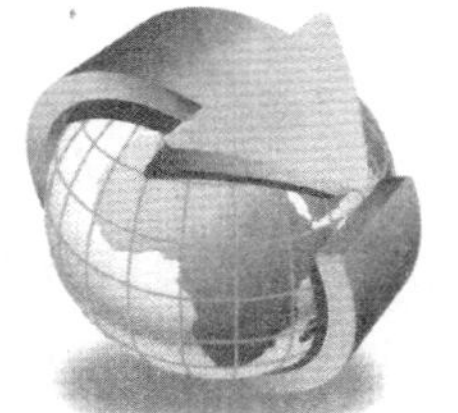

賣場商品管理

1 不要把售後服務變成「訴」後服務

案例中的情景生活中並不少見，很多店員通常認為只要把東西賣出去了就好，售後服務對付過去就行了，更有甚者，一些店員還把售後服務看作找麻煩，抱著這樣的態度去做售後服務，那麼售後服務的品質就可想而知了。

要知道店員銷售的不僅僅是商品，更多的是在展示自己的顧客服務。店員應該把自己與顧客擺在同一條線上，做顧客的朋友，並與之建立一種友好、長期的關係。如果你不能為顧客提供更好的服務，顧客就會離開，你也將永遠失去顧客。

生活中，店員們往往對售後服務重視不夠，其實售後服務也是整個交易過程的重點之一。售後服務和商品的品質、信譽同等重要，在某種程度上售後服務的重要性或許會超過信譽，因為有時信譽不見得是真實的，而一旦與顧客出現糾紛，顧客對你的投訴可是「實實在在」的，它不僅會影響門店形象，也會影響你個人的職業前途。售後服務至少包括兩項工作：

⑴售後服務

售後服務是指商品售出後繼續為顧客提供的服務。由於商品的特性、品質和服務態度等問題導致顧客在購買商品後因為使用時發生的一些問題，要求連鎖門店提供進一步的服務。這類服務的目的是使顧客對連鎖店感到滿意，樹立良好的口碑或成為連鎖店的常客。售後服務包括：增值服務（例如服裝店的免費剪裁、修補、清潔等）、退換（符合要求的合理退、換貨服務）、賠償（對於由於連鎖店及相關人員行為給顧客造成的損失的一種補償服務）、解決投訴（對顧客不滿或異議的處理服務）等。

⑵顧客回訪

為了與顧客保持長期關係，增加顧客滿意度，產生重覆購買，連鎖門店應對現有顧客進行回訪，包括新顧客回訪、熟客回訪和流失顧客回訪。出於成本方面的考慮，大多數連鎖門店一般採用電話回訪的方式維護顧客關係。對於新顧客，應在顧客消費過一定時間之後進行回訪，主要詢問商品品質、服務建議等問題；對於熟客，連鎖門店最好建立熟客檔案記錄，在熟客生日或重大節日給顧客以電話祝福或贈送小禮物，此外也應在新商品上市、重要信息發佈之時進行回訪；對於流失顧客，連鎖門店應瞭解顧客久未消費的原因，瞭解顧客對商品品質、價格和服務等方面的意見、建議。

2 單品管理

一、單品管理的作用與意義

單品管理是與品類管理相對應的概念。品類管理是指在商品分類基礎上，按一定的商品組合對某一類別商品群進行整體的綜合管理，並實行統一的營銷組合策略；而單品管理是指以每一個商品品項為單位進行的管理，強調的是每一個單品的成本管理、銷售業績管理。

單品管理是現代、高效的商品管理方法。雖然在百貨店興起的零售業第一次革命之前的小店鋪經營時代，由於賣場面積小、經營品種少(僅幾十種、至多上百種)，經營者有可能按每一品項對其購、銷、存進行獨立管理；但隨著百貨店的出現，百貨商店商品經營品種大幅度增加(達幾百種、幾千種甚至上萬種)，商店對所有商品統一再按品項進行管理，在技術上已不大可能做到，商業組織管理結構發生重大變化，商店下設若干商場，商場又下設若干商品部(或商品櫃組)，各商品部(或櫃組)仍按品項進行管理，而整個商店則實行品類管理；只有到了電腦技術廣泛應用於商業的現代，人們才又有可能對所有成千上萬的商品品項統一實行單獨管理。

單品管理是公司商品現代化管理的核心，在公司商品管理中發揮重要作用。

1. 單品管理是商品群管理的基礎

單品是公司商品經營管理的最基本單位，各商品群是由一個個單品組合而成的商品集合體。所以，各商品群的管理（如 20 項商品的選擇與保證、滯銷商品的選擇與淘汰），要是離開單品管理，是根本無法進行的。

2. 單品管理是商品流通順暢的保證

單品管理的強化使得每一種商品的採購、銷售、庫存環節有機結合，商品購銷存的數量得以準確掌握與控制，為商流的順暢提供了保證，也為商品的物流、資金流、資訊流的有序運行創造了良好的條件。

3. 商品管理是公司獲取穩定利潤的手段

單品管理突出的是適當減少商品組合深度的品牌商品的管理，通過做大品牌商品銷量，提高品牌商品的市場佔有率，增強公司對品牌商品供應商的控制力，能獲得穩定豐厚的經營利潤和通道利潤。

二、實施單品管理的技術手段——POS 系統

傳統的百貨商店之所以不能推進單品管理，是因為缺少現代化的技術手段，而現代公司之所以能普遍實施單品管理，正是由於有 POS 系統作為其技術支撐。

POS(Point Of Sales)系統是賣場銷售資訊網路系統，它能對賣場全部交易資訊進行即時收集、加工處理、傳遞反饋，是公司經營管理，尤其是單品管理的得力助手。

1. POS 系統的組成

POS 系統由商品條碼、前台電子收銀機(ECR)和後台電腦組成。商品條碼是一種商品識別標記，是供光電識讀設備向電腦輸入資料的

代碼，其中包含該商品與銷售有關的各種資訊；POS 使用的收銀機除接有一般收銀機所帶的條碼掃描器、票據印表機之外，通常還連接磁卡或 IC 卡識別器，具有與電腦通訊的功能；後台電腦除了及時接收與分析 POS 記錄的銷售資訊外，還通過資料數據機(MODEM)與總部或配送中心、供應商進行網路資訊傳遞。

2. POS 系統的單品管理功能

由於 POS 系統能夠高效即時地收集、處理銷售資訊，如在收銀時，POS 將每一種商品銷售的數量、金額等有關資料，即時送入 POS 系統資料庫，經暫態處理後，可適時提供每個時點、每個時段的銷售資料，所以 POS 系統能完全實現商品的單品管理，可以對各種單品的進銷存情況進行及時控制，大幅度提高單品管理的準確性和高效性。

關於 POS 系統還有兩點需要說明：一是運用 POS 系統進行資訊管理是現代零售業的發展方向，百貨店、專業店、專賣店等各種業態也都正在引入 POS 系統，但由於超級市場普遍採取連鎖方式經營和管理，實行網路化組織結構，資訊資源的共用性效益大，所以公司運用 POS 系統管理的效果相對比較理想。二是 POS 系統的實質是銷售資訊收集、處理、傳遞系統，它除了為公司單品管理提供技術支撐手段之外，還在收銀管理、品類管理、價格管理、顧客管理、外部聯繫(與銀行、供應商、配送中心等聯繫)等方面發揮著重要作用。

3 20 項重點商品的選擇與保證

一、重點商品原則的提出

圖 10-3-1 20/80 曲線圖

（品項數百分比與銷售額百分比對應關係曲線）

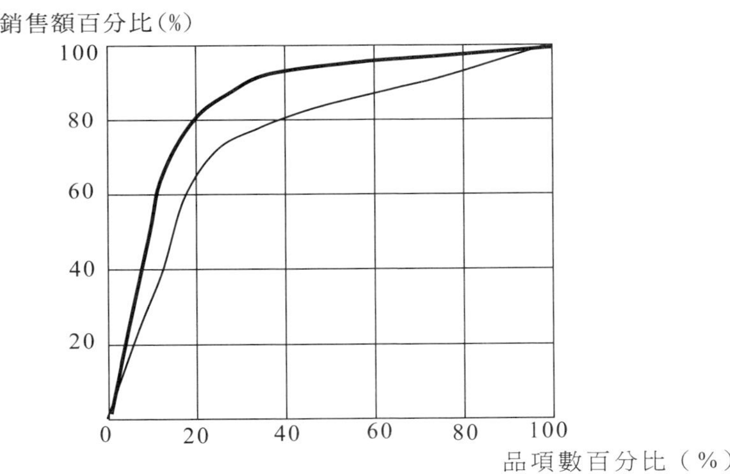

統計資料表明，在公司經營的全部商品品項中，銷售額最好的 20%品項的銷售額可實現全部銷售額的 80%左右，而剩下 80%商品品項的銷售額實現總銷售額的 20%左右。我們把超市經營中，商品品項百分比與相對的銷售額百分比之間存在的 20%：80%關係的規律性現

象稱之為 20/80 原則。其中佔銷售額最大比率的 20%的商品，稱之為 20 項商品，20 項商品實際上就是公司經營的主力商品群。

在經營條件相同的情況下，圖中粗實線為單品管理好或經營能力強的公司 20/80 曲線；細實線為單品管理差或經營能力弱的公司 20/80 曲線。

二、從單品管理到 20 項商品管理的強化

20 項商品管理的強化對單品管理提出的基本要求是：

1. 減少同類商品品種，降低商品組合深度(減少品項)

由於經營宗旨是滿足消費者對基本生活用品一次性購足的需要，所以，商品品種齊全是公司經營管理的基本要求。但是從單品管理的要求看，品種齊全強調的是不同用途、功能的商品種類應盡可能齊全，商品組合的廣度要適當寬，綜合化程度可適當高，以滿足消費者多樣化需求和一次性購足的需要；品種齊全不是強調同類商品中不同品牌、品種、規格的齊全，商品組合的深度不宜太深，專業化程度不宜太強，否則會造成以下困難：

⑴消費者面對貨架上相同用途的眾多不同品牌、規格的商品難以選擇，增加消費者的購物時間；

⑵在經營品項總數和賣場空間一定的條件下，商品組合的深度大，組合的廣度就相對小，有限賣場空間的效率發揮就難以理想；

⑶銷售額在品牌上的分散，導致連鎖商做不大供應商品牌產品銷量，使公司對供應商缺乏控制力。

2. 利潤向少數品種集中

20 項商品管理的基本思路是強調銷售額的集中，而單品管理的

基本思路是強調突出品牌，增加利潤。如果沒有單品管理利潤向少數品種集中的指導思想，20 項商品管理即使實現了銷售額向少數商品集中，也不一定能實現公司利潤目標。

以單品管理為基礎的 20 項商品管理，通過做大、做精少數供應商品牌產品銷量，提高對供應商的控制力，提高品牌商品的市場佔有率，能共用供應商節省的促銷費用、大批量採購的價格折扣和年終退傭，實現利潤最大化。

3.降低管理成本

由於品項和供應商減少，採購部採購談判的差旅費等交易成本可大幅度下降，運輸費用、庫存費用等物流成本也可大幅度降低，促銷人員能集中精力做好主力商品的銷售促進工作，使經營費用、管理費用有所降低。

三、20 項重點商品的選擇方法

1.經驗法

參照歷史同期的銷售統計資料，在總的商品品種中選擇出銷售額排名靠前的 20%的品項作為 20 項商品。經驗法依靠人工統計，工作量大，主要適宜於 POS 系統尚未建立的、規模較小的公司。按經驗法來選擇 20 項商品一定要注意統計資料時間上的一致性，嚴格按季進行。

2.競爭店調查法

如果公司剛成立不久，歷史同期銷售統計資料缺乏或不全，可採用競爭店調查法來選擇 20 項商品。在供應商接待日以外的時間，可派遣採購人員於 12：00～13：00 或 20：00 以後到競爭店賣場去觀察「磁石點」貨架(如端頭貨架、堆頭、主通道兩側貨架、冷櫃等，這些位置一般陳列主力商品)上的商品空缺率，因為這一時段通常是營業高峰剛過，理貨員來不及補貨的空隙。通過 20 項商品主要陳列貨架商品空缺情況的調查，可以初步得出結論：如果陳列貨架商品空缺多，該商品銷售良好，可列為 20 項商品的備選目錄。這種方法簡便易行，但調查容易受到競爭店店員的阻撓，且帶有一定的偶然性。按競爭店調查法選擇 20 項商品要注意競爭店店址、賣場面積、經營品種等因素應與本企業具有相似可比性，以保證參照借鑒的實效性；同時還要注意，由於目前的調查資訊與下一步商品採購有一個時滯，所以這些資訊對下一年主力商品選擇的參考價值可能更大些。

3. 資訊統計法

資訊統計法是指採購人員根據本企業 POS 系統彙集歷史同期的銷售資訊來選擇 20 項商品的方法。這些資訊資料主要是：銷售額排行榜；銷售比重排行榜；週轉率排行榜；配送頻率排行榜。這四個指標之間存在密切相關性，核心指標是銷售額排行榜。根據銷售額(或銷售比重、週轉率、配送頻率)排行榜，挑選出排行靠前的 20%的商品作為 20 項商品。如公司經營的商品品項總數為 7000 種，則銷售額排名第 1 至第 1400 的商品就構成 20 項商品目錄。採用資訊統計法，資訊完整、準確、迅速，是公司尤其是規模較大公司選擇 20 項商品的首要方法。

四、20 項重點商品目錄的調整

由於主力商品群具有鮮明的季節性特點，加上消費需求和供貨因素的不確定性，經營的重點商品是不斷變化的，所以 20 項商品目錄也應隨之不斷調整。

1.按季節變化調整

隨著季節的變化，公司 20 項商品目錄在一年的春、夏、秋、冬至少要做四次重大調整，每次調整的 20 項商品約佔前一個目錄總數的 50%左右，即使在某一個季內，不同的月份由於氣候、節慶假日等影響，主力商品也會存在一定差異，每個月 20 項商品的調整幅度一般會超過 10%。

2.按供貨因素變化調整

例如，當某種商品的生命週期由導入期進入成長期、成熟期時，它可能會被引入 20 項商品目錄，而當它由成熟期轉入衰退期時，它必然會在 20 項商品目錄中被刪除；又如，當某種新商品被成功開發引入超市賣場時，或當某種商品即將組織一次大規模促銷活動時，它們理應進入新的 20 項商品目錄。

3.按消費需求變化調整

如某一位有號召力的明星正在為某種產品做大規模宣傳廣告，預計會對消費者偏好和消費時尚產生巨大的影響和推動時，這種商品很可能會進入新的 20 項商品目錄。上述三種變化調整中，從變化的規律性和預測的準確性角度看，季節變化的規律性最強，調整的準確性最高；而消費需求變化的規律性最不易掌握，調整的難度最大；供應因素變化的規律性介於兩者之間。

4.兩點補充說明

(1) 20 項商品目錄是為公司商品採購計劃和商品營銷管理服務的，所以其目錄調整是事先進行的，它與根據企業 POS 系統實際銷售資訊統計出來的主力商品目錄存在一定的差異。它們之間的差異性越小(即事先目錄與事後目錄一致性越高)，說明公司採購人員的素質水平和單品管理效率越高；反之亦然。

⑵ 20 項商品目錄的調整需要剔除一些干擾因素和虛假現象。

如某些一次性處理商品在短期內銷售額可能很高，這種虛假升值不能作為該商品進入 20 項商品目錄的依據；又如，某些銷售情況一般很好的商品，在某一短期內，可能由於資金、配送不到位，造成供貨不足，銷售額大幅度下降，這種虛假降值的商品在 20 項商品調整時，要慎重決定是否刪除出目錄。

4　滯銷商品的淘汰管理

由於賣場空間和經營品種的有限，所以每導入一批新商品，就相應地要淘汰一批滯銷商品，滯銷商品可看作是超市經營的毒瘤，直接侵蝕超市的經營效益。選擇和淘汰滯銷商品，成為公司商品管理的一項重要內容。

1. 滯銷商品的選擇標準

滯銷商品與 20 項商品是兩類貢獻正好相反的商品群。其選擇標準主要有：

⑴銷售額排行榜，即根據本公司 POS 系統提供的銷售資訊資料，挑選若干排名最後的商品作為淘汰對象，淘汰商品數大體上與引入新商品數相當。

以銷售排行榜為淘汰標準，在執行時要考慮兩個因素：一是排行靠後的商品是否是為了保證商品的齊全性才採購進場的；二是排行靠後的商品是否是由於季節性因素才銷售欠佳，如果是這兩個因素造成的滯銷，對其淘汰應持慎重態度。

⑵最低銷售量或最低銷售額。對於那些單價低、體積大的商品，可規定一個最低銷售量或最低銷售額，達不到這一標準的，列入淘汰商品，否則會佔用大量寶貴貨架空間，影響整個賣場銷售。實施這一標準時，應注意這些商品銷售不佳是否與其佈局與陳列位置不當有關。

⑶商品質量。對被技術監督部門或衛生部門宣佈為不合格商品的，理所當然應將其淘汰。

對於公司來說，引進新商品容易，而淘汰滯銷商品阻力很大，因為相當一部份滯銷商品當初是作為「人情商品」進入超市的。

為了保證超市經營高效率，必須嚴格執行標準，將滯銷商品淘汰出超市賣場·一個經驗型的建議是，如果新品引進率不正常地大大高於滯銷品淘汰率，那麼採購部門的不廉潔採購是可以確定的。

2.商品淘汰的作業流程

⑴列出淘汰商品清單，交採購部主管確認、審核、批准。

⑵統計出各個門店和配送中心所有淘汰商品的庫存量及總金額。

⑶確定商品淘汰日期：公司最好每個月固定某一日期為商品淘汰日，所有門店在這一天統一把淘汰商品撤出貨架，等待處理。

⑷淘汰商品的供應商貨款抵扣：到財務部門查詢被淘汰商品的供應商是否有尚未支付的貨款，如有，則作淘汰商品抵扣貨款的會計處理，並將淘汰商品退給供應商。

⑸選擇淘汰商品的處理方式。

⑹將淘汰商品記錄存檔，以便查詢，避免時間一長或人事變動等因素將淘汰商品再次引入。

3. 退貨的處理方式

退貨的處理方式是滯銷商品淘汰的核心問題之一。

傳統的退貨處理方式主要有以下兩種：一是總部集中退貨方式，即將各門店所有庫存的淘汰商品，集中於配送中心，連同配送中心庫存淘汰商品一併退送給供應商；二是門店分散退貨方式，即各門店和配送中心各自將自己的庫存淘汰商品統計、撤架、集中，在總部統一安排下，由供應商直接到各門店和配送中心取回退貨。傳統退貨處理方式是一種實際退貨方式，其主要缺陷是花費連鎖商和供應商大量的物流成本。

為了降低退貨過程中的無效物流成本，目前公司通常採取的做法是在淘汰商品確定後，立即與供應商進行談判，商談 2 個月或 3 個月後的退貨處理方法，爭取達成一份退貨處理協定，

按以下兩種方式處理退貨：一是將該商品作一次性削價處理；二是將該商品作為特別促銷商品。

這種現代退貨處理方式為非實際退貨方式(即並沒有實際將貨退還給供應商)，它除了具有能大幅度降低退貨的物流成本的優點之外，還為公司促銷活動增添了更豐富的內容。需要說明的是：

①選擇非實際退貨方式還是實際退貨方式的標準，是削價處理或特別促銷的損失是否小於實際退貨的物流成本。

②採取非實際退貨方式，在簽訂的「退貨處理協定」中，要合理確定連鎖商和供應商對價格損失的分攤比例，公司切不可貪圖蠅頭小利而損害與廣大供應商良好合作的企業形象和信譽。

③對那些保質期是消費者選擇購買重要因素的商品，連鎖商與供應商之間也可參照淘汰商品(雖然該商品本身不屬於淘汰商品)的非實際退貨處理方式，簽訂一份長期「退貨處理協議」，把即將到達

或超過保質期的庫存商品的削價處理或特別促銷處理辦法納入流程化管理軌道。

④如果退貨物流成本小於削價處理損失，而採取實際退貨處理方式時，公司要對各門店退貨撤架以及空置陳列貨架的調整補充進行及時統一安排，保證銜接過程的連續性。

5 新商品引進

新商品引進是公司經營活力的重要體現，是保持和強化公司經營特色的重要手段，是公司創造和引導消費需求的重要保證，是公司商品採購管理的重要內容。

1. 新商品的概念

市場營銷觀念認為，產品是一個整體概念，包括三個層次：一是「核心產品」，即顧客所追求的基本效用和利益；二是實體產品，如品質、款式、品牌、包裝等；三是附加產品，如售後的運送、安裝、維修保證等服務。只要是產品整體概念中任何一部份的創新、變革與調整，都可稱之為新產品。不僅新發明創造的產品是新產品，像改進型產品、新品牌產品、新包裝產品都可稱之為新產品。當然，新產品的核心就是整體產品概念中的「核心產品」，即能給消費者帶來新的效用和利益的那部份內容，它也是公司引進新產品必須遵循的原則。

2. 新商品引進的組織與控制

在公司中，新商品引進的決策工作由公司商品採購委員會作出，具體引進的流程化操作由相關商品部負責。

新商品引進的控制管理關鍵是建立一系列事前、事中和事後的控制標準。

⑴事先控制標準。如公司採購業務人員應在對新引進商品市場銷售前景進行分析預測基礎上，確定該新引進商品能給公司帶來的既定利益，這一既定利益可參照目前公司從經營同一類暢銷商品所獲得利益或新品所替代淘汰商品獲得的利益，如規定新引進商品在進場試銷的 3 個月內，銷售額必須達到目前同類暢銷商品銷售額的 80%或至少不低於替代淘汰商品銷售額，方可列入採購計劃的商品目錄之中。

⑵事中控制標準。如在與供應商進行某種新商品採購業務談判過程中，要求供應商提供該商品詳細、準確、真實的各種資料，提供該商品進入連鎖超市銷售系統後的促銷配合計劃。

⑶事後控制標準。如負責該新商品引進的採購業務人員，應根據新商品在引入賣場試銷期間的實際銷售業績(銷售額、毛利率、價格競爭力、配送服務水平、送貨保證、促銷配合等)對其進行評估，評估結果優良的新商品可正式進入銷售系統，否則中斷試銷，不予引進。

對全國各地的「名、特、優」新品實行跨地區採購，已成為大型公司探索的新模式，它必將推動公司商品結構的不斷更新，更好地凸顯公司的經營特色，更大程度地滿足消費者需要。

目前絕大多數超級市場在商品的經營上缺乏特色，這與新商品的引進與開發力度不大，缺乏體現超市業態的新品採購標準有關，但從根本上說，對消費需求的動態變化缺乏研究是根本原因。另外，公司過高的進場費也阻擋了一大批具有市場潛力的新商品的進入，需要引起高度重視。沒有新的商品，超市就沒有活力和新鮮感，就沒有經營特色和缺乏對顧客的吸引力。

6 店鋪進貨的五個絕招

作為店鋪經營者，想要做到成功進貨就必須對商品的採購有所瞭解。店鋪經營者透過掌握一些商品的採購技巧，既可以降低商品的進貨成本，又可以拓寬採購的管道。

1.及時獲取最新、最準確的資訊

店鋪經營者可透過工作手冊及時記錄顧客對商品的反映意見。對於顧客需要但沒有的商品進行登記，建立缺貨登記並及時補貨。另外，店鋪經營者還可以設立顧客意見簿，針對一些具有代表性的問題，透過科學的市場預測方法來確定市場對於量、質、品種、價格等方面的需求，採購適銷對路的商品，更好地提高店鋪的效益。

2.提高採購負責人或採購專員的素質

如果一個店鋪想要獲得比其他店鋪更高的利潤，採購負責人或採購專員就一定要對市場具有敏銳的觀察力，能夠比別人提早發現有潛力的商品或物美價廉的商品。同時，採購負責人或採購專員還要具備分析商品銷售方法的能力，積累實踐經驗，以提交正確判斷的概率。

3.採購預算要保密

如果供應商透過某種管道掌握了店鋪的預算，店鋪就無法取得比預算更優越的各項條件。因為一旦供應商摸清店鋪底細，就必然開出與預算相近的價格。所以，採購預算一定要保密。

4. 貨比三家和貨到付款

在進貨之前要記得貨比三家，可以請教多家供應商，從而挑選在價格、品質等各方面都適合店鋪的商品。

貨到付款則可以利用時間差來賺取利息，尤其是對於中小型店鋪來說，可從中獲得更多的利潤。

5. 與供應商合作

店鋪經營者應當處理好與供應商之間的利益關係。任何成功的商人都能與供應商和諧相處。如果一味盯著自己店鋪的利益而置供應商利益於不顧，那供應商和店鋪也只是泛泛相交，甚至會成為店鋪的「攔路虎」。唯有貫徹雙贏的經營理念，才會更利於以後的合作和發展。

商品採購不僅是店鋪的一項主要業務，而且還是一門商業藝術，店鋪經營者只有充分掌握上述採購藝術，才能夠更好地滿足消費者的要求，從而進一步提高店鋪銷售額。

7 商品盤點

1. 盤點原則

要求盤點的數量、資料必須是真實的，不允許弄虛作假，掩蓋漏洞和失誤。盤點的過程要求是準確無誤，無論是資料的輸入、陳列的核查，還是盤點的數量，都必須準確。所有盤點過程的流程，包括區域的規劃、盤點的原始資料、盤點點數等，都必須完整，不要遺漏區域、遺漏商品。

盤點過程屬於流水作業，不同的人員負責不同的工作。所以所有資料必須清楚，人員的書寫必須清楚，貨物的整理必須清楚，才能使盤點順利進行。

2.盤點前的準備

⑴陳列區

- 陳列區盤點前，庫存區必須全部處於封庫狀態
- 全部的零星散貨歸入正常的陳列貨架
- 檢查所有的價格標籤是否正確無誤
- 檢查所有的商品是否具備有效條碼
- 將需要盤點的商品整理，以利於清點數量
- 所有的陳列端架、堆頭、倉庫中的空紙箱清理完畢
- 檢查賣場的死角、維修部門、顧客退換貨處是否有滯留商品

⑵庫存區

- 庫存區所有商品必須封箱，無散貨
- 庫存區所有商品必須在外箱上明確標示盤點區域號碼
- 庫存區的商品必須是同一商品放在一個位置
- 庫存區的商品必須在盤點的編號內
- 清理庫存區的空紙箱
- 收貨部的退貨區域嚴格與其他存貨區域分開

3.盤點前的合理擺放

倉庫裏商品的合理擺放對於提高貨物出入效率以及方便盤點工作都有很大幫助。所以，合理擺放是做好保管工作很重要的一步。

A 商場的飲料部門不注重合理擺放，新到的貨總是從倉庫提出往本區域櫃子附近一堆就了事，這倒是方便了賣場的銷售人員。等到年底盤點的時候，在櫃子最裏邊發現了 20 箱飲料，打開一看，全壞了。

所以，促銷員在進行庫存商品擺放時要注意以下幾點：

①不能堵塞通道，以保證出入庫方便。很多倉庫的通道都有堵塞現象，導致出入很費勁，同時也影響了為顧客服務的速度。

②商品最好是面向通道，這樣方便拿取。

③要根據出庫頻率選定商品擺放的位置。出貨、進貨頻率高的物品應放在靠近入口、易於拿放的地方；流動性差的物品則放在離出入口較遠的地方。季節性的商品則依其季節特性來選定位置，也可以根據商品的類別區別擺放。

④對商品的貨位編號，並在明顯處做標記。這樣方便存取，減少出入庫耗時，也可以減少串號和錯付現象發生。分區分類存放也有益於進行統計、盤點和檢查的工作。

4. 盤點實施

①庫存區的盤點

- 庫存區盤點是兩人一組進行盤點。兩個人進行點數，如果所點的數字一樣，則將此數字登記在盤點表規定的位置上；如果兩人的點數不一致，必須重新點數，直至相同。
- 所有未拆的原包裝箱不用拆箱盤點，所有非原包裝箱或已經開封的包裝箱必須打開盤點。
- 盤點表上的標籤只記錄該位置商品的品種，因此盤點表上的數據應該是該商品在該位置下的總數。
- 盤點的方向按從左到右，從上到下的順序。
- 遇到無標籤的商品，到分控制台申請標籤，現場盤點計數。遇到有標籤無商品的，計數為零，不能不寫任何數字。
- 庫存區的盤點由分控制台的台長負責分配盤點表，每組人員每次只能負責一個編號下的盤點表。完成一個編號的盤點表後，再進行下一個編號的盤點表。

· 完成的盤點表，可以接受安全部門人員的抽查，檢驗數據是否正確。

· 分控制台的人員必須對散貨、貴重商品、大量商品進行重點抽點，抽點在員工點數完成後進行。

· 冷凍庫和冷藏庫的盤點前，必須關閉製冷設施，人員著防護棉衣進行盤點。

· 盤點表的審核，數字的書寫應清楚、規範，盤點表的頁數應正確。

盤點後所有的庫存區全部封存。封閉式倉庫上鎖，開放式的倉庫用繩子封住等，井標示明確這是已經盤點的商品。盤點後所有的資料經過檢查，符合完整、清楚、正確的標準，由盤點小組的人員將其封存於文件櫃中。

②陳列區的盤點

· 所有明確標示「不盤點」和貼有「贈品。、「自用品」的物品一律不盤點。

· 本區域的散貨，盤點人員發現後，應將其送往特別區域。

· 特別區域的商品，包括本日的顧客退換貨以及樓面發生的散貨，在特別區域進行盤點。

· 盤點人員兩人為一組。一人點數，一人錄入。採用相互交叉的盤點方法，初點與複點的人員不同，三點的人員與初點、複點的人員不同。

· 商品的點數單位與銷售單位一致，並且每個陳列位分開點，不進行累加。

· 商品盤點計數後，點數人員將數字書寫在小張自粘貼紙上，貼

在本商品的價簽上·

· 錄入人員先輸入區域編號，掃描商品，再按照小張自粘貼紙上的數字進行錄入，不做任何加法動作。每錄入一個數據後，立即將小張自粘貼紙撕毀。

· 每次錄入完一個位置編號，必須檢查是否所有的小張自粘貼紙的數據均已錄入完成，有無遺漏。

· 初點完成後，HHT 交到控制台，由台長檢查初點的完成情況，並將初點 HHT 送到總控制台進行數據輸入清空。

· 複點進行後，安全部人員和分控制台台長則進行點數的 抽點，記錄點數的數據，等待系統確認計數數據後，有無差異。歸入待處理區域的所有商品一律不進行盤點。

第十一章

賣場的理貨管理

1 賣場理貨的要求

1. 補貨的原則

⑴商品缺貨和營業高峰前、結束營業前必須進行補貨。

⑵補貨以補滿貨架或端架、促銷區為原則。

⑶補貨區域的先後次序：端架→堆頭→貨架。

⑷補貨品項的先後次序：促銷品項→主力品項→一般品項。

⑸當商品缺貨但又無法找到庫存時，必須首先通過對系統庫存資料的查詢進行確定，確定屬於缺貨時，將暫時缺貨標籤放置在貨架上。

⑹食品和有保質期限的商品須遵循先進先出的原則。

⑺補貨時必須檢查商品的質量，外包裝以及條碼是否完好。

⑻補貨時必須檢查價格標籤是否正確。

⑼補貨以不堵塞通道，不影響賣場清潔，不妨礙顧客自由購物為

原則。

⑽補貨時不能隨意更動陳列排面和陳列方式，依價格標籤所示陳列範圍內補貨，違反者將按規則處罰。

⑾補貨時，同一通道的放貨卡板，同一時間內不能超過三塊。

⑿補貨時所有放貨卡板均應在通道的同一側放置。

⒀貨架上的貨物補齊後，第一時間處理通道的存貨和垃圾，存貨歸回庫存區，垃圾送到指定點。

⒁補貨時，有存貨卡板的地方，必須同時有員工作業，不允許有通道堆放卡板，又無人或來不及安排人員作業的情況。

⒂促銷人員可以進行補貨，但不能改變陳列的位置和方法。

⒃當某種商品缺貨時，不允許用其他貨物填補，或採用拉大相鄰品項排面的方法填補空位，要保留其本來佔有的空位，除非新的陳列圖到位。

2. 理貨的原則

⑴貨物淩亂時，需做理貨。

⑵零星散貨的收回與歸位是理貨的一項重要工作。

⑶理貨區域的先後次序是：端架→堆頭→貨架。

⑷理貨商品的先後次序是：快訊商品→主力商品→易混亂商品→一般商品。

⑸理貨時，必須將不同貨號的貨物分開，並與其價格標籤的位置一一對應。

⑹理貨時，須檢查商品包裝（尤其是複合包裝）、條碼是否完好，缺條碼則迅速補貼，破包裝要及時修復。

⑺退貨商品及破包等待修復的商品，不能停留在銷售區域，只能固定存放於本部門某一庫存區。

⑻理貨時，每一個商品有其固定的陳列位置，不能隨意更動排面。

⑼一般理貨時遵循從左到右，從上到下的順序。

⑽補貨完成時，進行理貨工作。

⑾每日銷售高峰期之前和之後，須有一次比較全面的理貨。

⑿理貨時，做到非銷售單位、非銷售包裝的商品不得零星停留在銷售區域。

⒀每日營業前時，做好商品、貨架、通道的清潔工作。

3. 理貨的要求

賣場理貨後的要求如下：

⑴商品的價格標籤是正確的、乾淨的。

⑵商品陳列的位置是符合陳列圖的。

⑶商品陳列是整齊的。

⑷商品陳列是符合先進先出的。

⑸商品的標籤、包裝、保質日期是經檢查合格的。

⑹商品的零星散貨已經歸回正確的位置。

⑺商品的缺貨標籤正確放置。

⑻商品的破損包裝被修復。

⑼商品陳列是符合安全原則的等。

2 賣場理貨的工作內容

賣場理貨要利用空間時間，通常是在營業高峰前後或夜間進行。賣場理貨的工作內容包括兩個前後相接的活動，即理貨與補貨，其主要工作內容如下：

1. 補貨

①補貨時必須檢查商品有無條碼。

②檢查價格卡是否正確，包括促銷商品的價格檢查。

③商品與價格卡要一一對應。

④補完貨要把卡板送回，空紙皮送到指定的清理點。

⑤新商品須在到貨當日上架，所有庫存商品必須標明貨號、商品名及收貨日期。

⑥必須做到及時補貨，不得出現在有庫存的情況下有空貨架的現象。

⑦補貨要做到先進先出。

⑧檢查庫存商品的包裝是否正確。

⑨補貨作業期間，不能影響通道順暢。

2. 理貨

⑴檢查商品有無條碼。

⑵檢查商品擺放情況。

①貨物是否正面面向顧客，整齊靠外邊線碼放。

②貨品與價格卡一一對應。

③不補貨時，通道上不能堆放庫存商品。

④不允許隨意更改排面。

⑤破損/拆包貨品及時處理。

⑶促進銷售，控制損耗。

①依照公司要求填寫「數量賬記錄」，每日定期準確計算庫存量、銷售量、進貨量。

②及時回收零星商品。

③落實崗位責任，減少損耗。

⑷價簽/條碼。

①按照規範要求列印價格卡和條碼。

②價格卡必須放在排面的最左端，缺損的價格卡須即時補上。

③剩餘的條碼及價格卡要收集統一銷毀。

④條碼應貼在適當的位置。

⑸清潔。

①通道要無空卡板、無廢紙皮及打碎的物品殘留。

②貨架上無灰塵、無油污。

③樣品乾淨，貨品無灰塵。

⑹整庫/庫存/盤點。

①庫房保持清潔，庫存商品必須有庫存單。

②所有庫存要封箱。

③庫存商品碼放有規律、清楚、安全。

④盤點時保證盤點的結果正確。

3.輔助工作

(1)服務。

①耐心禮貌解答顧客詢問。

②補貨理貨時不可打擾顧客挑選商品。

③及時平息及調解一些顧客糾紛。

④制止顧客各種違反店規的行為：拆包、進入倉庫等。

⑤對不能解決的問題，及時請求幫助或向主管彙報。

(2)器材管理。

①賣場鋁梯不用時要放在指定位置。

②封箱膠、打包帶等物品要放在指定位置。

③理貨員隨身攜帶：筆 1 支、戒刀 1 把、手套一副、封箱膠、便簽若干。

④各種貨架的配件要及時收入材料庫，不能放在貨架的底下或其他地方。

(3)市調。

①按公司要求、主管安排的時間和內容做市調。

②市調資料要真實、準確、及時、有針對性。

(4)工作日誌。

①條理清楚，字跡工整。

②每日晚班結束時寫。

③交待未完成的工作內容，早班員工須落實工作日志所列事項。

3 不要總是在銷售中被動補貨

補貨工作是指理貨員將標好價格的商品，依照商品各自既定的陳列位置，定時或不定時地將商品補充到貨架上去的作業。補貨可分為定時補貨和不定時補貨。定時補貨是指在非營業高峰時對貨架商品進行補充，不定時補貨是指只要貨架上商品即將售完，就立即補貨。

店員們在銷售中要主動補貨。主動補貨就是預測本月的銷售，分析貨品的銷售趨勢，對可能出現斷貨的款提前做好補貨，以保障本月銷售目標的達成或超越，這叫主動補貨。例如，案例中的店員明知年底是銷售旺季，每日出貨較多，但卻未及時留意存貨情況，結果給銷售造成了被動。

除去促銷季，在營業高峰前和結束營業前也容易缺貨，店員應及時發現商品缺貨情況，並進行補貨。補貨以補滿貨架、端架或促銷區為原則，儘量不堵塞通道，不妨礙顧客自由購物，補貨時要注意保持賣場的清潔。

店員要注意主動補貨，不要出現缺貨的現象，否則會極大地影響銷售。而在補貨時，店員還要遵守一定的補貨原則。

⑴先進先出

注意保質期越短的商品必須要先出貨。

⑵整理清潔排面比補貨優先

補貨固然重要，但賣場雜亂無章會有損公司形象，不要因為補貨而忽略整理排面，尤其是在門店營業前。

⑶補貨順序

① DM 快訊商品。

②店內促銷商品。

③大宗敏感商品。

④正常 A/B 類商品。

⑤其他。

⑷收掉不可售賣的商品

販售商品只要是變質、受損、破包、有血水、汁水滲出、髒亂、保質期過的商品、包裝商品標籤、條碼有誤或沒有標籤條碼、條碼不清楚都不可再陳列販售。

⑸貨品不要頭重腳輕

把貨品疊放在棧板上，要注意重的、體積大的要放在下層，體積小的、易碎的放在上層，儘量互相交疊整齊，才不會導致疊貨不穩造成碎落。

⑹補貨儘量靠近陳列架

為避免影響顧客購物，在商品補貨時要注意不要擋住顧客走道。棧板與箱子都要收好，空紙箱拆箱壓扁後放在空棧板上，待補的商品可以放在通道中央，補貨完畢後要立即將拖車、棧板、紙箱、剩餘商品收回倉庫定位。

⑺補貨時輕拿輕放

為避免商品在補貨過程中造成破包、變形，補貨時要迅速、輕拿輕放，才能保證商品完好。

⑻商品標識是否對齊

補貨完畢後，要注意價格牌是否對齊，品名、價格是否正確無誤。

如有缺貨，必須保持空貨架狀態，絕不可拉大其他商品排面，要使用暫時缺貨卡來標明，以提醒部門人員訂貨、補貨，也可告知顧客目前正在缺貨，最好能在缺貨卡上標明何時到貨，以安撫顧客。

4 賣場補貨的流程

賣場補貨的流程如下：

1. 賣場補貨的一般流程

補貨是指將標好價格的商品，依照商品各自既定的陳列位置，定時不定時地將商品補充到貨架上去的作業。定時補貨是指在非營業高峰時的補貨；不定時補貨是指只要貨架上的商品即將售完，就立即補貨，以免由於缺貨影響銷售。補貨作業的流程如圖 11-4-1 所示。

⑴理貨員在進行賣場巡視時，如不要補貨可進行商品的整理作業。

①清潔商品。這是商品賣出去的前提條件，所以理貨員在巡視時手中的抹布是不能離手的，就像士兵手中的槍一樣重要。

②做好商品的前進陳列，即當前面一排的商品出現空缺時，要將後面的商品移到空缺處去，商品朝前陳列，這樣既能體現商品陳列的豐富感，又符合了商品陳列先進先出的原則。

③檢查商品的質量，如發現商品變質、破包或超過保質期應立即從貨架上撤下。

⑵理貨員在補貨上架時的作業流程：

①先檢查核對一下欲補貨陳列架前的價目卡是否和要補上去的商品售價一致。

②補貨時先將原有的商品取下，然後打掃陳列架(這是徹底清潔貨架的最好時機)，將補充的新貨放在裏面，最後將原有的商品放在前面，也做到商品陳列先進先出。

③對冷凍食品和生鮮食品的補充要注意時段投放量的控制。一般補充的時段控制量是，在早晨營業前將所有品種全部補充到位，但數量控制在預定銷售額的 40%，中午再補充 30%，下午營業高峰到來之前再補充 30%。

圖 11-4-1　補貨作業流程圖

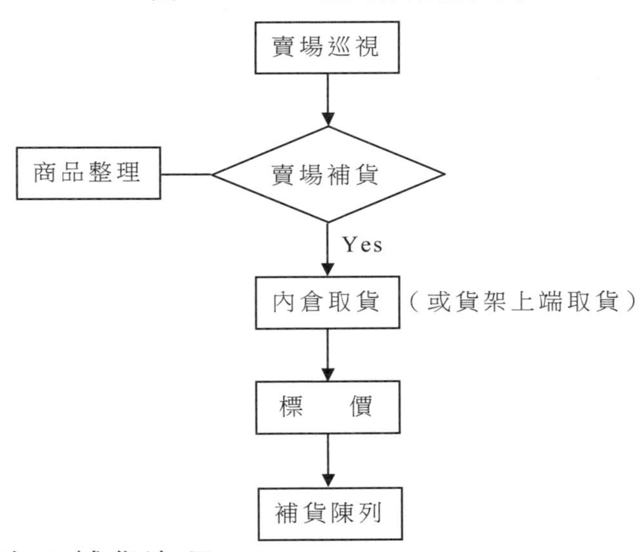

2.白天補貨流程

⑴尋找庫存。將需要補貨的商品的庫存找到，優先補非整箱的庫存。

⑵商品質量檢查。對商品的質量進行檢查，包括保質期、條碼、

外包裝以及是否乾淨等。

⑶補貨。將檢查過的商品補充到陳列的貨架、端架或堆頭上。

⑷庫存歸庫存區。將剩餘的庫存封箱，改正庫存單，放回原來的庫存區位置。

⑸垃圾處理。對補貨產生的垃圾進行處理，保持補貨區域的衛生。

⑹檢查通道。最後檢查通道，有無遺漏的商品、卡板、垃圾、價格標籤等。

⑺補貨結束。當所有的商品執行完以上流程後，補貨結束。

3.夜間補貨流程

⑴確定補貨品項。將需要夜間補貨的商品做記錄。

⑵填寫補貨單。填寫補貨單，列明補貨商品的貨號、陳列位置、庫存位置以及補貨的要求等。

⑶依單找庫存。夜班補貨的同事按單子找到庫存，並將貨物拉至相應的通道。

⑷質量檢查。對商品的質量進行檢查，包括保質期、條碼、外包裝以及是否乾淨等。

⑸補貨。將檢查過的商品補充到陳列的貨架、端架或堆頭上。

⑹庫存歸庫存區。將剩餘的庫存封箱，改正庫存單，放回原來的庫存區位置。

⑺處理垃圾。對補貨產生的垃圾進行處理，保持補貨區域的衛生。

⑻檢查補貨商品。檢查是否所有的商品均已經進行了 補貨。

⑼檢查通道。最後檢查通道，有無遺漏的商品、卡板、垃圾、價格標籤等。

⑽檢查價格標籤。檢查所有補貨商品的價格標籤是否正確。

⑾補貨結束。當所有的商品執行完以上流程後，補貨結束。

第十二章

賣場的投訴

1 顧客投訴的處理過程

一、分清投訴案件的類型

零售賣場顧客投訴的類型五花八門，處理投訴時首先應分清顧客投訴的類型；顧客投訴按引起投訴的原因，一般可分為對賣場商品的投訴、對賣場服務的投訴以及對賣場環境的投訴。

零售企業賣場銷售的商品購買頻率高，消費使用頻繁，因此，顧客購買商品時產生抱怨的情況也最為常見。針對賣場商品，顧客主要對以下幾點進行投訴：

① 價格偏高。顧客對零售企業的商品價格比較敏感，並且經營類似商品的零售企業多，價格的橫向比較較為容易。顧客一般抱怨某零售企業的價格水準高於商圈內的其他零售企業的價格，希望企業對價

格進行一定幅度的下調。

②商品質量差。零售企業出售的商品有些都是包裝過的，其質量好壞只有打開包裝後才能發現。因此，這類抱怨屬於顧客購買行為完成之後的「資訊扭曲」，即顧客在使用商品的過程中，發現商品不盡如人意而迫使自己內心接收商品的過程。當「資訊扭曲」達到一定強度，消費者就會要求退換商品，甚至訴諸於法律。

表 12-1-1　顧客投訴的類型

類　　型	顧客主要投訴對象
對賣場商品的投訴	①價格偏高 ②商品質量差 ③缺乏應有的資訊 ④商品缺貨
對賣場服務的投訴	①收銀員工作不適當 ②理貨員態度不佳 ③存包處工作人員態度不佳 ④應對不得體 ⑤給顧客付款造成不便 ⑥運輸服務沒有到位 ⑦未能守約 ⑧商品說明不符合情況 ⑨包裝不當
對賣場環境的投訴	①光線太強或太暗 ②溫度不適宜 ③地面過滑 ④衛生狀況不佳 ⑤噪音太大 ⑥電梯鋪設不合理 ⑦賣場外部環境不合理

③缺乏應有的資訊。顧客在零售企業中購買的商品有時會發現缺乏應有的資訊情況，主要有：

· 進品商品沒有中文標示
· 沒有生產廠家
· 沒有生產日期
· 保質期模糊不清
· 已過保質期
· 生產廠地不一致
· 出廠日期超前
· 價格標籤模糊不清
· 說明書的內容與商品上的標示不一致，等等。

④商品缺貨。零售企業中有些熱銷商品或特價品賣完後，沒有及時補貨，使顧客空手而歸；促銷廣告中的特價品，在貨架上數量有限，或者根本買不到。

因為商品本身引起的顧客抱怨，若進一步歸因，可歸納為供應商責任、零售企業責任及顧客的使用責任 3 個方面。

供應商對商品的質量負主要責任，例如罐頭中出現異物，但出現這種情況時零售企業並非完全沒有責任。因為他們引進質量有問題的商品並公開陳列出售，即使商品不是他們生產的，也難以擺脫受到批評的命運，特別是一些定位於高價位、大型的零售企業更是如此。

零售企業對商品質量的責任在另一個例子中表現得更加明顯。有些食品如牛奶、熟食等經過一段時間就會變得不新鮮甚至變質，有時因存放方法不當，即使在保質期內也會發生變質，這時的責任可以說就完全在零售企業了。因為他們有責任嚴格篩選出過期商品，並採取嚴格的品質管制(在保存商品時)。

商品標識上缺乏相關資訊也同樣需由供應商和零售企業共同負責。而商品汙損、破裂則主要是由於零售企業進貨時未能詳加清點、陳列或存放時管理不當、出售時未細緻檢查所致，可以說完全是超市的責任。

另外一個可能的責任方就是顧客。顧客由於使用方法不當而出現的商品本身的問題，大部份由顧客負責，但若商品本身缺乏詳細、明確的使用說明，則供應商也要承擔一定責任，而且，賣場也有責任詳細地告訴顧客有關商品的使用方法，並盡可能地使顧客對此有足夠的瞭解。特別是當顧客問及商品的使用時，超市賣場從業人員以「不知道」回答或是敷衍了事，則超市一方就更是難辭其咎了。

1. 對賣場服務的投訴

由於賣場服務而引起的投訴可分為對服務者和服務方式兩方面的投訴，顧客對賣場服務者的投訴大體上可以分為以下幾類：

①收銀員工作不適當。收銀員多收顧客的貨款；少找顧客零錢；商品裝袋時技術不過關，造成商品損壞；將商品裝袋時，遺漏商品；收銀員面無表情，冷若冰霜；讓顧客等待結算時間過長。這些都會引起顧客的投訴。

②理貨員態度不佳。雖然自助式購物是許多大型零售企業賣場的特徵，但面對種類繁多的商品，顧客還是有不少疑問，他們會經常詢問賣場中的理貨員。有時理貨員忙於補貨，沒有理會顧客的詢問，或回答時敷衍、不耐煩、出言不遜等，都會引起顧客的投訴。

③存包處工作人員態度不佳。帶包的顧客必然要存取背包、提袋。工作人員沒有按照先後順序接待顧客，使顧客等待時間較長；工作人員不熟悉存包櫃的編號，動作遲緩；拿取包袋時動作過大，造成物品的損壞；取包時發生錯誤等。

顧客對賣場的服務方式產生的投訴有以下幾種：

①應對不得體。賣場的服務人員應對顧客的方式，是顧客對賣場服務質量產生評價的主要方面。常見的應對不得體的表現有以下幾種：

在態度方面：

· 一味地推銷，不顧顧客反應；

· 化妝濃豔、令人反感：

· 只顧自己聊天，不理顧客；

· 緊跟顧客，像在監視顧客；

· 顧客不買時，馬上板起臉。

在言語方面：

· 不打招呼，也不回話：

· 說話過於隨便；

· 完全沒有客套話。

在銷售方式方面：

· 不耐煩把展示中的商品拿出給要求看的顧客；

· 強制顧客購買；

· 對有關商品的知識一無所知，無法回答顧客質詢。

②給顧客付款造成不便。

· 算錯了錢，讓顧客多支付錢款；

· 沒有零錢找給顧客；

· 不收顧客的大額鈔票；

· 金額較大時拒收小額鈔票。

③運輸服務沒有到位。

· 送大件商品時送錯了地方；

· 送貨時汙損了商品；

· 送貨週期太長，讓顧客等得過久。

④未能守約。

· 顧客按約定時間提前訂貨，卻沒有到貨；

· 答應幫顧客解決的問題，顧客如約趕來時卻還沒有解決好。

⑤商品說明不符合情況。

· 商品的使用說明不詳細，時間不長就壞了；

· 按商品標示買的商品卻發現顏色不符或式樣不對；

· 成打出售的商品回去打開包裝後發現數量少了；

· 成套的商品缺了一件或互相不配套。

⑥包裝不當。

· 按顧客要求包裝成禮品，卻弄錯了包裝紙或裝錯了賀卡；

· 作為禮品的商品出售時忘記撕下寫有價格的標籤。

大體上顧客的抱怨是由商品及相關的服務而引發，但其他情況仍有不少。例如因顧客對新產品、新材料的不習慣而產生的投訴。由於顧客對這種新產品或新型材料缺乏使用的經驗，對需作的改變感到不習慣，因而到企業那裏去投訴。它既非產品的問題，也不是服務人員的不禮貌，所以較難於處理。

2.對賣場環境的投訴

零售企業賣場環境直接影響著消費者的購買心情。光線柔和、色彩雅致、整潔寬鬆的環境常使顧客流連忘返。顧客對賣場購買環境的投訴主要有以下原因：

①光線太強或太暗。賣場中基本照明的亮度不夠，使貨架和通道地面有陰影，顧客看不清商品的價格標籤；亮度過強，使顧客眼睛感到不適，也會引來他們的投訴。

②溫度不適宜。賣場的溫度過高或過低，都不利於消費者流覽和選購。若 10 月下旬就已是寒風陣陣了，而室內暖氣要等 11 月中旬才來，賣場石材鋪就的地面，更加寒氣逼人，無疑就會縮短顧客停留的時間；冬去春來，氣候變化無常，乍暖乍寒，沒有及時地調整賣場的溫度，都會影響顧客的購買情緒。

③地面過滑。賣場的地面太滑，顧客行走時如履薄冰，老年顧客以及兒童容易跌倒，都會引起顧客的投訴，有時還會造成法律糾紛。

④衛生狀況不佳。例如：賣場不整潔，沒有洗手間或洗手間條件太差等。

⑤噪音太大。理貨員補貨時大聲喧嘩，商品卸貨時聲音過響，賣場的擴音器聲音太大等，都會引起顧客的反感和投訴。

⑥電梯鋪設不合理。出入口台階設計不合理，上下電梯過陡等。

⑦賣場外部環境的不合理。停車位太少；停車區與人行通道劃分不合理，造成顧客出入不便等。

二、確認投訴問題

正確確認顧客投訴問題的重點：

⑴讓申訴者說話，處理人員則要仔細地聆聽，當顧客對零售企業產生抱怨或投訴時，其情緒一般都比較激動，處理接待人員要以冷靜的心情，認真傾聽顧客的不滿，不要做任何解釋，要讓顧客將抱怨完全發洩出來，使顧客心情平靜下來，然後再詢問一些細節問題，確認問題的所在。

在傾聽時，要運用一些肢體語言，表達自己對顧客的關注與同情。例如：目光平視顧客，表情嚴肅地點頭，使顧客充分意識到你在默認他的問題。假如不讓對方說話，也就不能確認與瞭解問題的癥結所在了。

⑵要明確瞭解對方所說的話。對於投訴的內容，覺得還不是很清楚時，要請對方進一步說明。但措辭要委婉，例如：

- 「我還有一點不很明白，能否麻煩您再解釋一下？」
- 「請您幫我再確認一下問題的所在。」
- 「為瞭解您的問題重點，我有兩三點還想請教一下，不知可否……」

儘量不要讓顧客產生被人詢問的印象，要仔細地聆聽對方說話，並表示同感，這樣能幫助顧客說明問題的關鍵所在。

「但是」,「請您稍等一下」這類使對方說話中斷的言詞，是不能使用的。

足以給顧客留下受人責難或被人瞧不起的印象的話，也是不能說的。

不要考慮不週就貿然作說明。

⑶在傾聽了顧客的投訴以後，要站在消費者的立場來回答問題，即支持顧客的觀點，使顧客意識到賣場非常重視自己，他的問題對賣場來說很重要，賣場管理層將全力以赴來解決問題。

遵守上述原則，有助於在不引起雙方反感的情況下掌握事情的真相。將所理解的問題所在從處理人員的角度表達出來，請對方予以確認。

三、評估投訴的問題

在分析投訴的類型及確認了投訴的問題後，就必須評估投訴的問題，評估核定投訴問題的嚴重性，具體包括下列各項內容：

⑴問題的嚴重性，到何種程度？（問題的嚴重性，是考慮問題解決的重要因素）

⑵掌握問題達到怎樣的程度？（是否還有收集更多資訊的必要呢？）

⑶假如顧客所提的問題沒有事實根據和先例，應該如何使顧客承認現實的狀況呢？

⑷解決問題時，抱怨者除經濟補償外，還有什麼其他要求？

四、進行協商

一般的情況，是由現場的承辦人，負起與顧客交涉的責任。因此，賣場管理人員的工作，並不在於解決顧客問題，而是在於安排能解決這一問題的比較合適的人選。有時候，對顧客的要求，也不得不說「NO」。但「NO」並不代表沒有會談協商的餘地。對於投訴者，可以暗示，從另一個角度接近問題的途徑。

協商時要注意協商的方式方法以及盡可能地提出雙方能接受的方案。

進行協商，有兩個階段：

⑴為解決問題，可能採取的補償對策，要限定其範圍。

解決任何投訴，都必須先決定為解決問題可以提供的上限與下限的條件。決定條件時，必須考慮以下問題：

· 零售業與投訴者之間，是否有長期的交易關係？

· 把問題解決之後，顧客有無今後再度購買的希望？

· 爭執後，可能會造成怎樣的善意與非善意的影響？

・顧客的要求是什麼？

・零售企業方面有無過失？

作為顧客意見代理人，要決定給投訴者提供某種補償時，一定要考慮這些條件。例如，投訴者對零售企業部份問題有所不滿，與零售企業方面有全面性過失的時候，後者的條件應該更優厚一些。如果判斷出顧客方面的要求不合理，而且日後不可能再有往來的顧客，大可明白地向對方說「NO」。

⑵與投訴者會談協商時，應注意的問題：

・要仔細聆聽投訴者所說的話。對於雙方所要表達的想法及感情，要抓住要點，並摘要記錄。

・不能有防衛對方的姿態與責難對方的態度，應該把自己的想法，向對方明白表示。

・請求投訴者提出他的需求。

・在與顧客協商時，應該儘量提出可行的解決方案。

在制訂解決方案時，要考慮以下問題：

①瞭解並掌握問題的關鍵所在，分析發生問題的嚴重性。通過傾聽顧客對抱怨的闡述，來判斷問題的嚴重性，瞭解消費者對超市的期望。例如：顧客對購買了賣場中不新鮮或變質的熟食進行投訴，就必須瞭解顧客是否已經食用，食用的數量有多大，給顧客造成的損害如何，顧客希望給予怎樣的賠償，賠償多少等。

②確定責任歸屬。有時消費者投訴的責任不在零售企業，可能是生產廠家造成的，也可能是顧客自己的緣故。例如：顧客沒有看包裝上的說明而將產品生食，造成腸胃不適，誤以為是產品質量有問題；罐裝飲料中有異物等。如果責任在生產廠家，零售企業要協助解決；如果責任在顧客，零售企業要有使顧客信服的解釋；如果責任確實在

零售企業，在合理的範圍內，給顧客一個滿意的答覆。

③按照零售企業既定的規定處理。賣場在出售商品的過程中，發生顧客投訴與抱怨的情況是難以避免的，事先一般都制定了處理辦法與規定。事件發生時，對於常規性的抱怨，可以遵照既定的辦法處理，如退換商品等；例外事件發生時，要遵照既定的原則進行處理，同時要有一定的彈性，使雙方都能滿意。因為例外事件影響較大，一經媒體曝光會造成難以估量的損失。

④明確劃分處理許可權。零售企業要視顧客投訴或抱怨的影響程度（或危害程度）來劃分處理的許可權，如商品退換，一線人員就可以辦理；對消費者的賠償問題則必須由管理人員來處理。顧客的抱怨一旦發生，根據其影響程度的大小來確定處理人員，可以使顧客的問題迅速得到解決，為零售企業贏得主動地位。

⑤與消費者協商處理方案，使他們同意處理方法。通常情況下，顧客的要求與零售企業的應允會有一定的差距，這就需要對顧客做耐心的說服工作，使顧客從實際出發，拋棄其不切合實際的要求，冷靜地坐下來共同協商處理問題。

五、實施處理

協商有了結論，接下來要做適當的處理。處理工作並不因與顧客的會談協商達成共識而結束，這只是說明已經達到了解決的階段。

究竟由什麼人，在什麼時間之前，做什麼事？這些都需要明確確定。同時，要確認是否按照約定的條件，的確在付諸實施？在與顧客約定解決問題的方法之後，再違約不履行，不但使你過去的一切努力都化為泡影，而且會給企業信譽造成惡劣影響。

在與抱怨者會談協商同意的條件，有時也包括約定今後調查有關產品的改善內容。這些幾乎都是委託公司其他部門，甚至是公司外的調查機構來執行。這時由於相關的資訊未能傳達給適當的人等因素，可能會出現調查的業務未能按照你與顧客所約定的條件完成，或在約定日期前未能完成的事情。這種事情極易加重顧客的不滿。因此，委託外部進行的業務，是否按預定的時間表在進行？這一監督和追蹤的任務是應由你來負責的。

要使抱怨處理在有組織、有計劃的條件下進行，首先要做好一定的組織工作。主要包括人員配備與任命，統轄訓練及設定指揮系統。

2 顧客投訴的化解方法

顧客投訴的問題是五花八門、千奇百怪的，針對不同問題，處理人員必須採取不同的處理技巧。一般來講，零售企業顧客投訴最多的問題應該是商品質量及服務問題，下面就介紹化解這兩類問題的技巧。

1. 商品質量問題的化解方法

如果顧客買到的商品在質量上存在問題，表明製造企業在品質管制上不夠嚴格規範或零售企業未能盡到商品管理的責任。遇到這種情況時，基本的處理方法是真誠地向顧客道歉，並換以質量完好的新的商品。

如果顧客因該商品質量不良而承受了額外的損失，如耽誤了某事的進程、造成身體傷害等時，超市應主動承擔起這方面的責任。對顧客的各種損失給予適當的賠償與安慰。

在處理結束後，若有可能，應對顧客使用新商品的情況進行跟蹤調查，確保顧客對企業的商品感到滿意。同時，就該存在質量問題的商品如何流入顧客手中的原因向顧客說明，並說明超市的相應對策，給顧客再次購買本企業商品以信心。

就零售企業方面而言，最根本的處理辦法是仔細地調查質量問題商品流入顧客手中的原因，並採取改進措施以防重蹈覆轍。

如果問題出在製造環節上，則應從原料供應、生產裝配、產成品包裝入庫及貨運各個方面深查原因，加強管理，特別是入出庫檢驗方面需嚴格把關。

對於銷售企業而言，商品在售出之前一定要經過精密的質量檢查，而且要嚴格地加強店內商品的管理，特別是食品，一定要在溫度管理和衛生方面下大工夫，以避免發生中毒事件。

2. 服務問題的化解方法

顧客的投訴有時因賣場營業人員的服務而起。這類投訴不像商品投訴那樣事實明確，責任清晰。由於服務是無形的，發生問題只能依靠聽取雙方的敍述，在取證上較為困難。而且，在責任的判斷上缺乏明確的標準。

例如對於「營業人員口氣不好，用詞不當」,「以嘲弄的態度對待顧客」,「強迫顧客購買」,「一味地與別人談笑，不理顧客的反應」這類顧客方面的意見，其判斷的標準是很難掌握的。

原因在於，不同的人對同樣的事物也會有不同的感受，顧客心目中認為服務「好」與「不好」的尺度是不同的。

當遇到此類投訴的時候，處理中應切實體現「顧客就是上帝」這一箴言。需首先向顧客致歉的應先道歉，具體方式可以採取：

①主管仔細聽取顧客的不滿，向顧客保證今後一定加強員工教育，不讓類似情形再度發生。同時把發生的情況記錄下來，作為今後在教育員工時基本的教材。

②主管與有關責任人一起向顧客道歉，以獲得顧客諒解。

在採用第二種處理方式時，顧客為發洩心中的不滿，很可能會面陳責任人的過失，直斥其錯誤。所以在與顧客見面前，領導應與業務人員充分溝通，要求業務人員忍耐。但要注意在事件處理告一段落後，對責任人給予一定心理上、物質上的補償。

然而，最根本的解決方法仍是營業人員在處理顧客關係方面經驗的積累和技巧上的提高。如果營業人員能夠在遣詞造句和態度上應對得體，則通常會大大降低這類投訴案件發生的機會。此外，在實施處理時要擬訂有關協定，協定一式三份，企業與消費者各一份，中間人一份。顧客方面的簽字者必須是當事人，或者是當事人委託的代表；企業方面簽字人必須是法人代表，或者是法人代表委託的有關人員。協議一旦簽訂，即具有法律效力，受法律保護。

如果顧客的投訴已被新聞媒體報導過，要將處理結果及時通報給有關媒體，這樣不僅能夠澄清視聽，而且可以從正面樹立零售企業的形象，擴大零售企業的知名度。

3 現場投訴的處理

現場投訴處理面談的地點以零售企業專用的會客室或投訴室為宜，處理的人不要過多，以 2～3 人比較適合。對於預約面談的情形，不要忘記在定約時問明對方，是否有新聞界人士同往，根據不同的回答預做準備。

在進行現場投訴處理面談時，要掌握如下要領：

⑴創造親切輕鬆的氣氛，緩解對方內心通常會有的緊張心情。

⑵注意聽取顧客的怨言。

⑶態度誠懇，表現出真心為顧客著想的意圖。但同時要讓對方瞭解自己獨立處理的授權範圍，不使對方抱過高的期望。

⑷把顧客投訴中的重要資訊詳細記錄下來。

⑸中途有其他事情時，儘量調整到以後去辦，不要隨意中止談話。

⑹在提出問題解決方案時，應讓顧客有所選擇，不要讓顧客有「別無選擇」之感。

⑺儘量能在現場把問題解決。

⑻當不能馬上解決問題時，應向顧客說明解決問題的具體方案和時間表。

⑼面談結束時，確認自己向顧客明確交代了賣場方面的重要資訊以及顧客需再次聯絡時的聯絡方法、部門或個人的地址與姓名。

4 赴客戶處的投訴處理技巧

上門面談處理法需要很高的處理技巧。零售企業在決定使用上門面談處理法之前，要慎選處理人員，並預做充分準備。最好以 2～3 人前往為宜。預先的調查要收集對方的服務單位、出身地點、畢業學校、家庭構成及興趣愛好等各方面的資訊。這樣有利於與對方的有效溝通。

然而，當進入實質性面談時，必須以輕鬆的心態，情緒不要過於緊張。要把握如下的要點：

⑴拜訪前預先以電話約定時間，如果對顧客的地址不是很清楚，則應問明具體地點，以防止在登門過程中因找不到確切地點而耽誤了約定的時間，使對方產生不良的第一印象。

⑵注意儀表。以莊重、樸素而整潔的服裝為宜，著裝不可過於新奇和輕浮。如果是女性處理人員去上門處理投訴，注意不要化過濃的妝，要顯得樸素、大方而不失莊重。

⑶有禮貌。見面時首先要雙手送上名片，以示對對方的尊重。通常隨身要帶些小禮品送給顧客，但注意價值不要太高，以避免使顧客產生「收買」的感覺。

⑷態度誠懇。言辭應慎重，態度要誠懇。無論對方有什麼樣的過激言辭，都要保持冷靜，並以誠心誠意的用詞來陳述本公司的歉意。但在許諾時要注意不得超越自己的授權範圍，使對方有不切實際的期

望值。

⑸不要隨意中斷拜訪。登門拜訪顧客的情況下，處理人員應是預先做好充分考慮和準備的，因此拜訪要達到何種目的是非常明確和慎重的。所以要爭取以一次拜訪就取得預定效果，不要輕易中斷拜訪。要知道，一次不成功的拜訪，其不良影響要遠遠超過根本不做拜訪。

在拜訪中，不要過多地用電話向上司請示。這樣給顧客一種感覺：超市是派了一位任何事都要向上司請示的低層人士來處理這件事，從而對超市更添不信任感。

⑹帶著方案去。登門拜訪前，一定要全面考慮問題的各種因素，預先準備一個以上的解決方案向顧客提出，供顧客選擇，讓顧客看到企業方面慎重、負責的態度，對於問題的解決具有至關重要的作用，無論什麼時候，都不要盲目地倉促上門拜訪，這樣會使顧客因無謂地浪費了時間而更加不滿。

表 12-4-1　顧客投訴處理方法比較

方　法	特　　點	處理要點
電話投訴處理法	①簡單迅捷 ②顧客投訴常具強烈的感情色彩 ③電話處理的時候看不見對方的面孔和表情	①小心應對。無論對方怎樣感情用事，都要重視對方，不要有有失禮貌的舉動 ②把握顧客心理。努力透析顧客心理。必須通過聲音資訊來把握顧客心態
信函投訴處理法	①要花費更多的人力費用、製作和郵寄費用，成本較高 ②由於信函往返需要一定時間，使處理投訴的週期拉長	①必須不厭其煩地處理 ②清晰、準確地表達 ③必須妥善處理 ④必須存檔歸類
現場投訴處理法	①處理面談的地點以零售企業專用的會客室或投訴室為宜 ②處理的人不要過多，以 2～3 人比較適合	①創造親切輕鬆的氣氛，以緩解對方內心的緊張心情 ②注意聽取顧客的怨言 ③態度誠懇，表現出真心為顧客著想的意圖。要讓對方瞭解自己獨立處理的授權範圍，不使對方抱過高的期望 ④把顧客投訴中的重要資訊詳細記錄下來 ⑤中途有其他事情時，儘量調整到以後去辦，不要隨意中止談話 ⑥在提出問題解決方案時，應讓顧客有所選擇，不要讓顧客有「別無選擇」之感 ⑦儘量能在現場把問題解決 ⑧當不能馬上解決問題時，應向顧客說明解決問題的具體方案和時間表 ⑨面談結束時，確認自己向顧客明確交代了超市方面的重要資訊以及顧客需再次聯絡的方法要點
上門面談處理法	①需要很高的處理技巧 ②決定使用此法之前，要慎選處理人員，並預先做好充分準備 ③最好不要 1 人前往，以 2～3 人為宜	①拜訪前先以電話約定時間 ②注意儀表 ③有禮貌 ④態度誠懇 ⑤不要隨意中斷拜訪 ⑥帶著方案去

5 不要讓商品退換貨成「雷區」

實際工作中，顧客退換商品是經常發生的現象，在接待退換商品的顧客時，要禮貌、熱情，不推脫，不冷落，實事求是地澄清事情的原委，對不能退換的商品要耐心解釋，說明不能退換的原因，絕不能像案例中那位售貨員一樣態度強硬冷漠，傷了顧客的心，也給門店造成了不好的影響。

遇到顧客前來退換貨，態度要比原先出售時更和氣。松下集團創始人松下幸之助曾經說過：「無論發生什麼情況，都不要對顧客擺出不高興的臉孔，這是商人的基本態度。」持守這種原則，必能建立美好的商譽。

「退換」只不過會給售貨員帶來點小麻煩，卻得到了顧客的信賴，這是很大的收穫，必定會有助於銷售別的商品。

商店在銷售商品時就要做到誠實地對待顧客，避免和減少售後的商品退換。

在宣傳介紹商品時，要實事求是，保證顧客購買到真正適合自己需要的商品或服務。

認真負責地做好商品銷售、服務過程中的各項工作，確保售出的商品質優量足。

對於按規定不得退換的商品，店員要向顧客加以必要的詳細說明和提示，避免事後不必要的磨擦。

加強自身的素質訓練，對產品的品質、特點、規格、優缺點、保養方法、數量等相關商品知識嚴格掌握，以便銷售時能對顧客明確建議，增加滿意度，減少退換貨的產生。

(1)把握對退換貨顧客的態度

當顧客因某一件服裝不合適或品質問題要求退貨時，你要學會把這次退貨轉換成一次新的銷售機會。而這機會的把握就是要對顧客禮貌、熱情，不推託、不冷落。

對於提出退換要求的顧客，要熱情地接待，並妥善處理其具體問題。任何時候都不能推諉、賴賬，或對顧客諷刺、挖苦。

在必要時，要向顧客表示歉意，並耐心地聽取顧客的意見。對於品質問題，要及時地向有關部門反映，以求迅速地改進。

(2)弄清顧客退換貨原因

商品是殘次品或被弄髒穿過的。這種情況責任顯然在店方，應給顧客賠禮道歉和退換，同時內部還應查明原因，以便改進工作。

買走後覺得不稱心，像尺寸不合適或顏色不隨心意。這種情況責任在顧客，怨他挑選商品時不細心，即使這樣，也不要責怪顧客，應痛痛快快地給予退換，顧客一時心血來潮不想要了，沒有充足的退換理由。這種情況，按理論應不予退換。但若沒有用過，不礙出售，還是痛痛快快退換為好。

(3)妥善處理退換的貨品

一般的商品，只要不殘、不髒、不走樣或未曾使用過、沒有超過規定的期限、不影響再次售出的，均可退換。

有些商品雖經顧客一定程度的使用或試用，但對其品質、使用價值不構成影響，應當予以退換。

銷售時已過期失效、殘損變質、計時失準或承諾難於兌現的商品，通常應當予以退換。

食品、藥品以及剪開撕斷的大量商品，在購買後超過有效期，一般不予退換。

不易鑑別內部零件的精密商品，難以鑑別品質的貴重商品，以及明顯汙損不能再次出售的商品，不予退換。

精密度較高的商品，或技術標準較高的服務，若能鑑別出其品質欠佳，則可根據具體情況，靈活地掌握。有可能時，最好還是予以退換。

⑷執行顧客退換貨程序

受理：顧客退換商品在收銀台或櫃台接待受理。

致歉：不論什麼情況，接待人員均應先向顧客致歉：「對不起，讓您麻煩多跑一趟，給您帶來了不便。」

退換條件：公司執行「不滿意可退換」的服務政策，凡顧客退換商品均須持有本店購物電腦小票(或發票)，商品價簽完整，外包裝及商品無破損，購物時間不超過三天。

檢查：接待時收銀員認真檢查商品和購物電腦小票。

換貨：經收銀員檢查符合換貨要求，經店經理(當班責任人)同意後，給顧客換另一個同種商品或同等價值的其他商品。

退貨：經收銀員檢查符合退貨要求，由店經理(當班責任人)在收銀機上輸入退貨密碼，錢箱自動打開後，由收銀員交給顧客退貨款。

異議處理：如遇不符合退換要求的商品，應耐心向顧客解釋清楚，以理服人，遇上不講理的顧客，上報店經理或間店管理部，不可與顧客頂撞。

拒絕退換：下列情況之一者，原則上不予辦理退換貨。

①顧客無電腦小票(發票)或雖有但已超出三天時限。

②若無品質問題，對於貼身物品、藥品、食品和影響再次出售的商品不予辦理退換。

6 賣場的退換貨流程

1. 退換貨一般性規定

表 12-6-1 退換貨一般性規定

類別	具體內容
可以退換	有品質問題的商品，並且在退換貨的時限內，可以退換 一般性商品無品質問題，但不影響重新銷售的，可以退換貨
可以換貨	有品質問題的商品，超出退貨的時限，在換貨時限內，不可退貨，但可換貨
不可以退換貨	超出退換貨的時限，不可以退換貨 一般性商品無品質問題，但有明顯使用痕跡的，不可以退換貨 經過顧客加工或特別為顧客加工後，無品質問題的，不可以退換貨 因顧客使用、維修、保養不當或自行拆裝造成損壞的，不可以退換貨 商品售出後因人為失誤造成損壞，不可以退換貨。原包裝損壞或遺失、配件不全或損壞、無保修卡的商品，不可以退換貨 個人衛生用品，如內衣褲、睡衣、泳衣、襪子等，不可以退換貨 賣場出售的「清倉品」和贈品，不可以退換貨 消耗性商品如電池、膠捲，不可以退換貨 化妝品(不包括一般性的護膚品)，不可以退換貨 無本賣場的收銀小票或非本賣場售賣的商品，不可以退換貨

2. 退換貨作業流程

①退貨作業流程如圖 12-6-1 所示。

圖 12-6-1　退貨作業流程

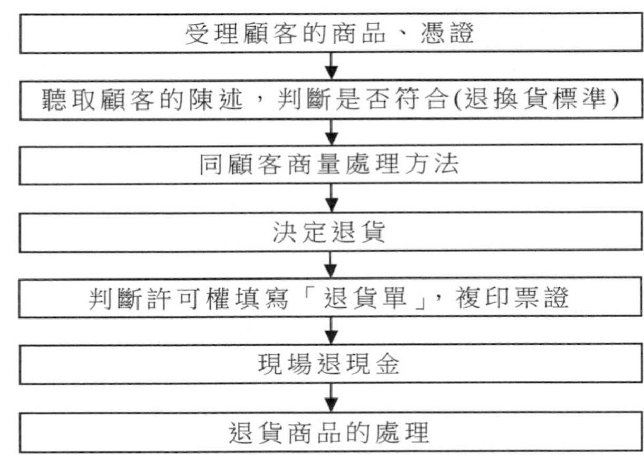

②換貨作業流程如圖 12-6-2 所示。

圖 12-6-2　換貨作業流程

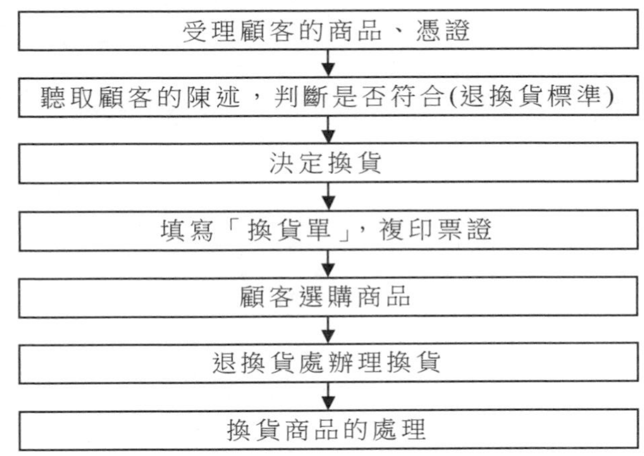

企業的核心競爭力，就在這里！

圖 書 出 版 目 錄

憲業企管顧問（集團）公司為企業界提供診斷、輔導、培訓等專項工作。下列圖書是由臺灣的憲業企管顧問（集團）公司所出版，自 1993 年秉持專業立場，特別注重實務應用，50 餘位顧問師為企業界提供最專業的經營管理類圖書。

選購企管書，敬請認明品牌 ：**憲業企管公司**。

1.傳播書香社會，直接向本出版社購買，一律 9 折優惠，郵遞費用由本公司負擔。服務電話(02)27622241 (03)9310960　傳真(03)9310961

2.付款方式：請將書款轉帳到我公司下列的銀行帳戶。

・銀行名稱：合作金庫銀行（敦南分行） 帳號：**5034-717-34744**
　公司名稱：憲業企管顧問有限公司

・郵局劃撥號碼：**18410591**　郵局劃撥戶名：憲業企管顧問公司

3.圖書出版資料每週隨時更新，請見網站 www.bookstore99.com

經營顧問叢書

25	王永慶的經營管理	360 元
52	堅持一定成功	360 元
56	對準目標	360 元
60	寶潔品牌操作手冊	360 元
78	財務經理手冊	360 元
79	財務診斷技巧	360 元
91	汽車販賣技巧大公開	360 元
97	企業收款管理	360 元
100	幹部決定執行力	360 元
122	熱愛工作	360 元
129	邁克爾・波特的戰略智慧	360 元
130	如何制定企業經營戰略	360 元
135	成敗關鍵的談判技巧	360 元
137	生產部門、行銷部門績效考核手冊	360 元
139	行銷機能診斷	360 元
140	企業如何節流	360 元
141	責任	360 元
142	企業接棒人	360 元
144	企業的外包操作管理	360 元
146	主管階層績效考核手冊	360 元
147	六步打造績效考核體系	360 元
148	六步打造培訓體系	360 元
149	展覽會行銷技巧	360 元
150	企業流程管理技巧	360 元

152	向西點軍校學管理	360 元
154	領導你的成功團隊	360 元
163	只為成功找方法，不為失敗找藉口	360 元
167	網路商店管理手冊	360 元
168	生氣不如爭氣	360 元
170	模仿就能成功	350 元
176	每天進步一點點	350 元
181	速度是贏利關鍵	360 元
183	如何識別人才	360 元
184	找方法解決問題	360 元
185	不景氣時期，如何降低成本	360 元
186	營業管理疑難雜症與對策	360 元
187	廠商掌握零售賣場的竅門	360 元
188	推銷之神傳世技巧	360 元
189	企業經營案例解析	360 元
191	豐田汽車管理模式	360 元
192	企業執行力（技巧篇）	360 元
193	領導魅力	360 元
198	銷售說服技巧	360 元
199	促銷工具疑難雜症與對策	360 元
200	如何推動目標管理（第三版）	390 元
201	網路行銷技巧	360 元
204	客戶服務部工作流程	360 元
206	如何鞏固客戶（增訂二版）	360 元
208	經濟大崩潰	360 元
215	行銷計劃書的撰寫與執行	360 元
216	內部控制實務與案例	360 元
217	透視財務分析內幕	360 元
219	總經理如何管理公司	360 元
222	確保新產品銷售成功	360 元
223	品牌成功關鍵步驟	360 元
224	客戶服務部門績效量化指標	360 元
226	商業網站成功密碼	360 元
228	經營分析	360 元
229	產品經理手冊	360 元
230	診斷改善你的企業	360 元
232	電子郵件成功技巧	360 元
234	銷售通路管理實務〈增訂二版〉	360 元
235	求職面試一定成功	360 元
236	客戶管理操作實務〈增訂二版〉	360 元
237	總經理如何領導成功團隊	360 元
238	總經理如何熟悉財務控制	360 元
239	總經理如何靈活調動資金	360 元
240	有趣的生活經濟學	360 元
241	業務員經營轄區市場（增訂二版）	360 元
242	搜索引擎行銷	360 元
243	如何推動利潤中心制度（增訂二版）	360 元
244	經營智慧	360 元
245	企業危機應對實戰技巧	360 元
246	行銷總監工作指引	360 元
247	行銷總監實戰案例	360 元
248	企業戰略執行手冊	360 元
249	大客戶搖錢樹	360 元
252	營業管理實務（增訂二版）	360 元
253	銷售部門績效考核量化指標	360 元
254	員工招聘操作手冊	360 元
256	有效溝通技巧	360 元
258	如何處理員工離職問題	360 元
259	提高工作效率	360 元
261	員工招聘性向測試方法	360 元
262	解決問題	360 元
263	微利時代制勝法寶	360 元
264	如何拿到 VC（風險投資）的錢	360 元
267	促銷管理實務〈增訂五版〉	360 元
268	顧客情報管理技巧	360 元
270	低調才是大智慧	360 元
272	主管必備的授權技巧	360 元
275	主管如何激勵部屬	360 元
276	輕鬆擁有幽默口才	360 元
278	面試主考官工作實務	360 元
279	總經理重點工作（增訂二版）	360 元
282	如何提高市場佔有率（增訂二版）	360 元
284	時間管理手冊	360 元

285	人事經理操作手冊（增訂二版）	360 元
286	贏得競爭優勢的模仿戰略	360 元
287	電話推銷培訓教材（增訂三版）	360 元
288	贏在細節管理（增訂二版）	360 元
289	企業識別系統 CIS（增訂二版）	360 元
291	財務查帳技巧（增訂二版）	360 元
295	哈佛領導力課程	360 元
296	如何診斷企業財務狀況	360 元
297	營業部轄區管理規範工具書	360 元
298	售後服務手冊	360 元
299	業績倍增的銷售技巧	400 元
300	行政部流程規範化管理（增訂二版）	400 元
302	行銷部流程規範化管理（增訂二版）	400 元
304	生產部流程規範化管理（增訂二版）	400 元
307	招聘作業規範手冊	420 元
308	喬・吉拉德銷售智慧	400 元
309	商品鋪貨規範工具書	400 元
310	企業併購案例精華(增訂二版)	420 元
311	客戶抱怨手冊	400 元
314	客戶拒絕就是銷售成功的開始	400 元
315	如何選人、育人、用人、留人、辭人	400 元
316	危機管理案例精華	400 元
317	節約的都是利潤	400 元
318	企業盈利模式	400 元
319	應收帳款的管理與催收	420 元
320	總經理手冊	420 元
321	新產品銷售一定成功	420 元
322	銷售獎勵辦法	420 元
323	財務主管工作手冊	420 元
324	降低人力成本	420 元
325	企業如何制度化	420 元
326	終端零售店管理手冊	420 元
327	客戶管理應用技巧	420 元
328	如何撰寫商業計畫書（增訂二版）	420 元
329	利潤中心制度運作技巧	420 元
330	企業要注重現金流	420 元
331	經銷商管理實務	450 元
332	內部控制規範手冊（增訂二版）	420 元
334	各部門年度計劃工作（增訂三版）	420 元
335	人力資源部官司案件大公開	420 元
336	高效率的會議技巧	420 元
337	企業經營計劃〈增訂三版〉	420 元
338	商業簡報技巧（增訂二版）	420 元
339	企業診斷實務	450 元
340	總務部門重點工作（增訂四版）	450 元
341	從招聘到離職	450 元
342	職位說明書撰寫實務	450 元
343	財務部流程規範化管理（增訂三版）	450 元
344	營業管理手冊	450 元
345	推銷技巧實務	450 元
346	部門主管的管理技巧	450 元
347	如何督導營業部門人員	450 元
348	人力資源部流程規範化管理（增訂五版）	450 元
349	企業組織架構改善實務	450 元
350	績效考核手冊(增訂三版)	450 元

《商店叢書》

18	店員推銷技巧	360 元
30	特許連鎖業經營技巧	360 元
35	商店標準操作流程	360 元
36	商店導購口才專業培訓	360 元
37	速食店操作手冊〈增訂二版〉	360 元
38	網路商店創業手冊〈增訂二版〉	360 元
40	商店診斷實務	360 元
41	店鋪商品管理手冊	360 元
42	店員操作手冊（增訂三版）	360 元

45	向肯德基學習連鎖經營〈增訂二版〉	360 元
47	賣場如何經營會員制俱樂部	360 元
48	賣場銷量神奇交叉分析	360 元
49	商場促銷法寶	360 元
53	餐飲業工作規範	360 元
54	有效的店員銷售技巧	360 元
56	開一家穩賺不賠的網路商店	360 元
58	商鋪業績提升技巧	360 元
59	店員工作規範（增訂二版）	400 元
61	架設強大的連鎖總部	400 元
62	餐飲業經營技巧	400 元
65	連鎖店督導師手冊（增訂二版）	420 元
67	店長數據化管理技巧	420 元
69	連鎖業商品開發與物流配送	420 元
70	連鎖業加盟招商與培訓作法	420 元
71	金牌店員內部培訓手冊	420 元
72	如何撰寫連鎖業營運手冊〈增訂三版〉	420 元
73	店長操作手冊（增訂七版）	420 元
74	連鎖企業如何取得投資公司注入資金	420 元
75	特許連鎖業加盟合約（增訂二版）	420 元
76	實體商店如何提昇業績	420 元
77	連鎖店操作手冊（增訂六版）	420 元
78	快速架設連鎖加盟帝國	450 元
79	連鎖業開店複製流程（增訂二版）	450 元
80	開店創業手冊〈增訂五版〉	450 元
81	餐飲業如何提昇業績	450 元
82	賣場管理督導手冊（增訂三版）	450 元

《工廠叢書》

15	工廠設備維護手冊	380 元
16	品管圈活動指南	380 元
17	品管圈推動實務	380 元
20	如何推動提案制度	380 元
24	六西格瑪管理手冊	380 元
30	生產績效診斷與評估	380 元
32	如何藉助 IE 提升業績	380 元
46	降低生產成本	380 元
47	物流配送績效管理	380 元
51	透視流程改善技巧	380 元
55	企業標準化的創建與推動	380 元
56	精細化生產管理	380 元
57	品質管制手法〈增訂二版〉	380 元
58	如何改善生產績效〈增訂二版〉	380 元
68	打造一流的生產作業廠區	380 元
70	如何控制不良品〈增訂二版〉	380 元
71	全面消除生產浪費	380 元
72	現場工程改善應用手冊	380 元
77	確保新產品開發成功（增訂四版）	380 元
79	6S 管理運作技巧	380 元
85	採購管理工作細則〈增訂二版〉	380 元
88	豐田現場管理技巧	380 元
89	生產現場管理實戰案例〈增訂三版〉	380 元
92	生產主管操作手冊(增訂五版)	420 元
93	機器設備維護管理工具書	420 元
94	如何解決工廠問題	420 元
96	生產訂單運作方式與變更管理	420 元
97	商品管理流程控制(增訂四版)	420 元
102	生產主管工作技巧	420 元
103	工廠管理標準作業流程〈增訂三版〉	420 元
105	生產計劃的規劃與執行(增訂二版)	420 元
107	如何推動 5S 管理（增訂六版）	420 元
108	物料管理控制實務〈增訂三版〉	420 元
111	品管部操作規範	420 元
113	企業如何實施目視管理	420 元
114	如何診斷企業生產狀況	420 元
117	部門績效考核的量化管理（增訂八版）	450 元
118	採購管理實務〈增訂九版〉	450 元

119	售後服務規範工具書	450 元
120	生產管理改善案例	450 元
121	採購談判與議價技巧〈增訂五版〉	450 元
122	如何管理倉庫〈增訂十版〉	450 元
123	供應商管理手冊(增訂二版)	450 元

《培訓叢書》

12	培訓師的演講技巧	360 元
15	戶外培訓活動實施技巧	360 元
21	培訓部門經理操作手冊（增訂三版）	360 元
23	培訓部門流程規範化管理	360 元
24	領導技巧培訓遊戲	360 元
26	提升服務品質培訓遊戲	360 元
27	執行能力培訓遊戲	360 元
28	企業如何培訓內部講師	360 元
31	激勵員工培訓遊戲	420 元
32	企業培訓活動的破冰遊戲（增訂二版）	420 元
33	解決問題能力培訓遊戲	420 元
34	情商管理培訓遊戲	420 元
36	銷售部門培訓遊戲綜合本	420 元
37	溝通能力培訓遊戲	420 元
38	如何建立內部培訓體系	420 元
39	團隊合作培訓遊戲(增訂四版)	420 元
40	培訓師手冊（增訂六版）	420 元
41	企業培訓遊戲大全(增訂五版)	450 元

《傳銷叢書》

4	傳銷致富	360 元
5	傳銷培訓課程	360 元
10	頂尖傳銷術	360 元
12	現在輪到你成功	350 元
13	鑽石傳銷商培訓手冊	350 元
14	傳銷皇帝的激勵技巧	360 元
15	傳銷皇帝的溝通技巧	360 元
19	傳銷分享會運作範例	360 元
20	傳銷成功技巧（增訂五版）	400 元
21	傳銷領袖（增訂二版）	400 元
22	傳銷話術	400 元
24	如何傳銷邀約（增訂二版）	450 元
25	傳銷精英	450 元

分類

為方便讀者選購，本公司將一部分上述圖書又加以專門分類如下：

《主管叢書》

1	部門主管手冊（增訂五版）	360 元
2	總經理手冊	420 元
4	生產主管操作手冊（增訂五版）	420 元
5	店長操作手冊（增訂七版）	420 元
6	財務經理手冊	360 元
7	人事經理操作手冊	360 元
8	行銷總監工作指引	360 元
9	行銷總監實戰案例	360 元

《總經理叢書》

1	總經理如何管理公司	360 元
2	總經理如何領導成功團隊	360 元
3	總經理如何熟悉財務控制	360 元
4	總經理如何靈活調動資金	360 元
5	總經理手冊	420 元

《人事管理叢書》

1	人事經理操作手冊	360 元
2	從招聘到離職	450 元
3	員工招聘性向測試方法	360 元
5	總務部門重點工作（增訂四版）	450 元
6	如何識別人才	360 元
7	如何處理員工離職問題	360 元
8	人力資源部流程規範化管理（增訂五版）	420 元
9	面試主考官工作實務	360 元
10	主管如何激勵部屬	360 元
11	主管必備的授權技巧	360 元
12	部門主管手冊（增訂五版）	360 元

當市場競爭激烈時：

培訓員工，強化員工競爭力 是企業最佳對策

「人才」是企業最大的財富。如何提升人才，是企業永續經營、戰勝對手的核心競爭力。積極培訓公司內部員工，是經濟不景氣時期的最佳戰略，而最快速的具體作法，就是「**建立企業內部圖書館，鼓勵員工多閱讀、多進修專業書藉**」

建議您：請一次購足本公司所出版各種經營管理類圖書，作為貴公司內部員工培訓圖書。 使用率高的（例如「贏在細節管理」)，準備 3 本；使用率低的（例如「工廠設備維護手冊」)，只買 1 本。

給總經理的話

總經理公事繁忙，還要設法擠出時間，赴外上課進修學習，努力不懈，力爭上游。

總經理拚命充電，但是員工呢？

公司的執行仍然要靠員工，為什麼不要讓員工一起進修學習呢？

買幾本好書，交待員工一起讀書，或是買好書送給員工當禮品。簡單、立刻可行，多好的事！

商店叢書 (82)　　售價：450 元

賣場管理督導手冊<增訂三版>

西元二〇二四年六月　　增訂三版一刷

編輯指導：黃憲仁

編著：林幼泉　高飛鴻

策劃：麥可國際出版有限公司（新加坡）

編輯：蕭玲

校對：劉飛娟

發行人：黃憲仁

發行所：憲業企管顧問有限公司

電話：(02) 2762-2241　(03) 9310960　0930872873

電子郵件聯絡信箱：huang2838@yahoo.com.tw

銀行 ATM 轉帳：合作金庫銀行　帳號：5034-717-347447

郵政劃撥：18410591　憲業企管顧問有限公司

登記證：行政業新聞局版台業字第 6380 號

本圖書是由憲業企管顧問（集團）公司所出版，以專業立場，為企業界提供最專業的各種經營管理類圖書。

圖書編號 ISBN：978-986-369-121-1